经济学学术前沿书系

SONGYUAN MINGQING DE
SHENGTAI HUANJING ZHIDU YANJIU

宋元明清的
生态环境制度研究

禹思恬 著

U0208562

经济日报 出版社

图书在版编目（CIP）数据

宋元明清的生态环境制度研究／禹思恬著．-- 北京：
经济日报出版社，2021.4
ISBN 978 - 7 - 5196 - 0780 - 7

Ⅰ．①宋… Ⅱ．①禹… Ⅲ．①生态环境保护 - 制度建
设 - 研究 - 中国 - 宋元时期②生态环境保护 - 制度建设 -
研究 - 中国 - 明清时代 Ⅳ．①X171.4 - 092

中国版本图书馆 CIP 数据核字（2021）第 034877 号

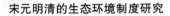

宋元明清的生态环境制度研究

作　　者	禹思恬
责任编辑	张　莹
助理编辑	杨保华
责任校对	林　珏
出版发行	经济日报出版社
地　　址	北京市西城区白纸坊东街 2 号 A 座综合楼 710（邮政编码：100054）
电　　话	010 - 63567684（总编室）
	010 - 63584556（财经编辑部）
	010 - 63567687（企业与企业家史编辑部）
	010 - 63567683（经济与管理学术编辑部）
	010 - 63538621　63567692（发行部）
网　　址	www.edpbook.com.cn
E - mail	edpbook@126.com
经　　销	全国新华书店
印　　刷	北京建宏印刷有限公司
开　　本	710×1000 mm　1/16
印　　张	11.25
字　　数	160 千字
版　　次	2021 年 4 月第 1 版
印　　次	2021 年 4 月第 1 次印刷
书　　号	ISBN 978 - 7 - 5196 - 0780 - 7
定　　价	42.00 元

前　言

　　立意要写这样一个话题，缘起是对于伊懋可先生《大象的退却》一书阅读中的一点灵感和启发。在这本由西方学者撰写的环境经济史著作中，包括了诗和美，包括了艺术和文学，这同传统中大众对于中国古代生态环境思想的印象一致：提起中国传统的生态观，很多人会想到王维的寄情山水、陶渊明的田园牧歌、先秦哲人"仲冬斩阳木"的论述，却鲜有人将其与刻板、生硬的制度相联系的。中国传统的生态环境观是写意的、充满了诗性的浪漫，然而关于古代中国是否有成熟的环境政策、是否有如何处理人与自然关系的科学理念、是否将这种"天人合一"的朴素自然观实际形成制度性的生态政策问题，仍存在较大争议。本书的写作，正是针对这些问题进行的一次初步的探索。

　　中国传统农业维持了上千年的兴盛不衰，维持了一种可持续的经济体系。这种稳定的体系绝非仅靠非制度化的哲学、文化，因此对于从与生态环境密切相关的政策出发，对于中国封建社会的成熟阶段——宋元明清时期的生态环境制度进行研究有助于更好地解释这种可持续体系。特别需要指出的是，本书并非基于梳理政策发展、演变为主要目的的研究，全面性并非本书关注的重点。相反，笔者希望从农业社会最重要的土地、水和森林资源出发，通过管中窥豹式的研究方法，对于人口、资源和自然承载力的交互关系进行探究，并基于制度经济学理论讨论其交互关系对于环境政策演变的影响。

　　近年来，一些学者在反思工业化所导致的当代环境问题时，常常表露出对于农业社会的追缅之情。中国传统的生态环境思想自有其精妙可取之处，并仍然作为中国现代生态观的重要来源影响着人们的环境观念，关于中国古代制度化环境政策的研究有助于更好地了解中国生态观的渊源。与此同时，一味推崇古代生态环境观、否认经济发展成果，甚至对立发展和环保的关系是一种消极的逃避。因此在本文的写作中，尽量采用较为客观的角度，对于宋元明清时期的生态环境政策进行展现和评价是笔者在写作中力图做到的。

　　此书得以付梓，要感谢北京大学经济学院周建波教授、张亚光副教授的指导和建议，感谢首都经济贸易大学经济学院的鼎力支持。由于时间仓促，成书难免有错漏之处，恳请广大读者予以指正。

禹思恬

2020 年 12 月 14 日

目　录
CONTENTS

前　言 ┈┈┈┈┈┈┈┈┈┈┈┈┈┈┈┈┈┈┈┈┈┈┈┈┈┈┈┈┈┈ 1

第一章　引言 ┈┈┈┈┈┈┈┈┈┈┈┈┈┈┈┈┈┈┈┈┈┈┈┈┈┈ 1

　　1.1 论题释义和论域 ┈┈┈┈┈┈┈┈┈┈┈┈┈┈┈┈┈┈ 3

　　　　1.1.1 概念界定 ┈┈┈┈┈┈┈┈┈┈┈┈┈┈┈┈┈┈ 3

　　　　1.1.2 论域界定 ┈┈┈┈┈┈┈┈┈┈┈┈┈┈┈┈┈┈ 4

　　1.2 本书的现实价值 ┈┈┈┈┈┈┈┈┈┈┈┈┈┈┈┈┈┈ 7

　　1.3 本书的理论价值 ┈┈┈┈┈┈┈┈┈┈┈┈┈┈┈┈┈ 10

　　1.4 本书结构 ┈┈┈┈┈┈┈┈┈┈┈┈┈┈┈┈┈┈┈┈┈ 11

第二章　宋元明清的土地资源政策 ┈┈┈┈┈┈┈┈┈┈┈ 13

　　2.1 两宋时期的土地资源政策 ┈┈┈┈┈┈┈┈┈┈┈ 15

　　　　2.1.1 劝农政策 ┈┈┈┈┈┈┈┈┈┈┈┈┈┈┈┈┈ 16

　　　　2.1.2 垦荒政策 ┈┈┈┈┈┈┈┈┈┈┈┈┈┈┈┈┈ 22

　　2.2 元代的土地资源政策 ┈┈┈┈┈┈┈┈┈┈┈┈┈┈ 26

　　2.3 明清时期的土地资源政策 ┈┈┈┈┈┈┈┈┈┈┈ 28

　　　　2.3.1 明清时期土地资源政策的制定背景 ┈┈┈┈ 29

　　　　2.3.2 明清时期丘陵、山地等土地资源的开发政策 ┈┈ 33

　　　　2.3.3 明清时期的边疆土地开发政策 ┈┈┈┈┈ 35

　　2.4 结语 ┈┈┈┈┈┈┈┈┈┈┈┈┈┈┈┈┈┈┈┈┈┈┈ 38

第三章　宋元明清时期的水资源政策 ┈┈┈┈┈┈┈┈┈ 41

　　3.1 中国传统的水伦理 ┈┈┈┈┈┈┈┈┈┈┈┈┈┈┈ 42

3.2 宋朝的水资源政策 ·························· 45

  3.2.1 宋朝的农业用水政策 ·················· 45

  3.2.2 宋朝的渔业用水政策 ·················· 47

  3.2.3 宋朝的水污染防治政策 ················ 49

  3.2.4 宋朝水资源政策的特点 ················ 51

3.3 元代的水资源政策 ························ 54

3.4 明清时期的水资源政策 ···················· 55

  3.4.1 明清时期的农业用水政策 ·············· 56

  3.4.2 明清时期的渔业用水政策 ·············· 58

  3.4.3 明清水资源政策的特点 ················ 59

3.5 结语 ·································· 64

第四章　宋元明清时期的林业资源政策 ·············· 67

4.1 先秦时期林业保护的经济依据和自然崇拜 ········· 68

4.2 两宋以来对林木的消耗 ···················· 70

4.3 两宋时期的林业资源政策 ·················· 74

  4.3.1 两宋时期林业政策的具体内容 ··········· 74

  4.3.2 关于两宋时期林业政策的若干要点及影响 ····· 78

4.4 元代的林业资源政策 ······················ 81

4.5 明清时期的林业资源政策 ·················· 82

  4.5.1 小农经济与森林的破坏 ················ 82

  4.5.2 明清时期林业思想的转变与环境保护政策 ····· 84

  4.5.3 日益严格的森林保护政策——森林封禁区的建立 · 86

  4.5.4 政策的补充——所有权变革和民间力量的强盛 ·· 88

4.6 结语 ·································· 90

第五章　宋元明清的非正式环境制度——民间生态管理与保护 ···· 91

5.1 宋元明清环境政策的缺陷 ·················· 93

  5.1.1 缺乏科学性和系统性 ·················· 93

  5.1.2 环境政策服务于其他政策 ·············· 95

　　5.1.3 环境政策的执行效果差 ……………………… 98

　5.2 宋元明清生态环境的民间控制 ……………………… 99

　　5.2.1 自发适应环境的经济活动 ……………………… 99

　　5.2.2 乡约中的环境保护 ………………………………103

　　5.2.3 乡里、宗族与地方精英——民间生态管理的执行和维护 …105

　5.3 宋元明清环境民间控制的缺陷 ………………………108

　　5.3.1 缺乏统筹管理，大局意识薄弱 …………………108

　　5.3.2 地方豪强谋取私利 ………………………………110

　　5.3.3 环境民间控制的其他弊端 ………………………111

　5.4 结语 ………………………………………………………112

第六章　宋元明清的非正式环境制度——思想观念对生态环境保护的影响
　………………………………………………………………115

　6.1 理一分殊——宋明理学生态思想中的人类中心主义 ……117

　6.2 原始崇拜中的环境保护 ………………………………120

　　6.2.1 原始崇拜与民间生态保护实践 …………………120

　　6.2.2 民间信仰在环保事务中的局限性 ………………123

　6.3 制度化宗教中的环境思想 ……………………………124

　　6.3.1 佛教生态思想的宗教理论基础 …………………125

　　6.3.2 佛教的生态环保实践 ……………………………128

　　6.3.3 道教的生态思想的宗教理论基础 ………………131

　　6.3.4 道教的生态环保实践 ……………………………133

　　6.3.5 平等性——佛教、道教生态实践的原动力 ……136

　6.4 作为非正式制度的思想观念在生态环保事务中的作用 ……137

　6.5 结语 ………………………………………………………141

第七章　宋元明清若干环境政策的新制度经济学分析 ………143

　7.1 产权的非私有属性——环境问题的起点 ……………144

　7.2 宋元明清时期环境制度变迁的整体趋势 ……………146

　　7.2.1 正式制度的细化和完善 …………………………146

7.2.2 正式环境制度的不足 ……………………………………148

7.2.3 非正式制度的兴盛 ………………………………………151

7.2.4 正式制度为主向非正式制度为主的转变——诱致性制度变迁…152

7.3 总结和启示 …………………………………………………154

7.3.1 产权的可分割性——一条解决环境问题的途径 …………154

7.3.2 正式制度与非正式制度的结合 …………………………155

7.3.3 环境制度变迁中的路径依赖 ……………………………157

7.3.4 环境制度变迁的现代启示 ………………………………159

参考书目 ……………………………………………………………163

后 记 ………………………………………………………………171

第一章　引言

　　随着经济社会的发展，环境承载能力已趋极限，资源紧缺、动植物濒临灭绝、大气污染、气候变暖……日趋严重的环境问题引发了世界范围内对于环境保护的重视，各国政府致力于制定更加完善、健全的环境管理与保护的制度体系，保护人类赖以生存的美好家园。以尊重自然规律、正确认识人与自然的辩证统一关系为核心的马克思唯物主义世界观是社会主义国家制定生态环境政策的基本出发点。结合中国的基本国情和处于政治、经济、社会不断发展的阶段现实，中国共产党与时俱进，不断发展、完善有中国特色的生态环境理论，使之成为中国特色社会主义理论的一部分。中共十八大提出："建设生态文明，是关系人民福祉、关乎民族未来的长远大计。面对资源约束趋紧、环境污染严重、生态系统退化的严峻形势，必须树立尊重自然、顺应自然、保护自然的生态文明理念，把生态文明建设放在突出地位，融入经济建设、政治建设、文化建设、社会建设各方面和全过程，努力建设美丽中国，实现中华民族永续发展。"① 这是中华人民共和国历史上，第一次将建设"美丽中国"的环境目标提升到执政理念的高度，更是中国历史上对于生态环境政策前所未有的重视阶段。中共十九大进一步健全了十八大关于"美丽中国"的构想，指出要"加快生态文明体制改革，建设美丽中国"②，并将"美丽中国"纳入建设社会主义现代化强国的战略目标，将生态文明建设提升到了新的高度。在这样的背景下，"美丽中国"目标的实现对于健全的生态环境制度提出了更高的要求。笔者通过对宋元明清时期环境生态思想的考察，总结在自北宋至清末的近千年时间内环境制度的经验与教训，以期对于健全和完善有中国特色的社会主义环境制度有所启迪，加速推动社会主义现代化中国的建设和美丽"中国梦"的实现。

---

① 十八大报告文件起草组.中国共产党第十八次代表大会文件汇编［M］.北京：人民出版社，2012.
② 十九大报告文件起草组.中国共产党第十九次代表大会文件汇编［M］.北京：人民出版社，2018.

1.1 论题释义和论域

1.1.1 概念界定

首先，笔者要对生态环境思想、环境政策和环境制度的概念从新制度经济学角度进行界定。从定义上来说，制度泛指规则或运作模式，是规范个体行动的一种社会结构。新制度经济学代表人物诺斯在《制度变迁与美国经济增长》一书中对制度环境和制度安排做出了区分，将制度环境定义为"一系列用来确立生产、交换与分配的基本的政治、社会与法律规则。"制度安排则是"支配经济单位之间可能合作与竞争方式的规则。"①从制度的层级来看，分为正式制度、非正式制度和实施机制三个部分，正式制度是整个制度体系的主体和核心。而在正式制度中，由政府指定的政策、法律、法规则是正式制度的主要内容。正式制度以包括社会认可的道德规范、伦理、宗教信仰、民间法规在内的非正式制度为辅助和补充，通过健全的实施机制得以实现。因此，环境政策作为正式制度是环境制度的主体，而环境思想除了包括从环境政策中提取的有关环境治理保护的主张外，还包括从习俗、宗教、约定俗成的民间规则中提炼的观念。

环境政策是一个国家保护环境的大政方针，对于其所调控对象的行为和态度具有引导、激励以及制约的作用。刁田丁在《政策学》一书中指出："政策是国家、政党为实现一定历史时期的任务和目标而规定的行动准则和行动方向。"②孙光所著的《现代政治科学》则认为："政策是国家和政党为了实现一定的总目标而确定的行动准则，它表现为对人们的利益进行分配和调节的整治措施和复杂过程。"③美国学者伊斯顿则强调"公共政策是对全社会的价值做有权威的分配"④，是政府从其自身的利益出发，为解决社会发展中出现的重大问题而实施的管理手段。而在中国古代，并没有政策一词。"政"所包含的含义有很多，政治、政策、政权、策略均是"政"所表达的意思。《孟子·梁惠王》载："查邻国之政，无如寡人之用心者。"⑤《答司马谏议书》

---

① 诺斯.制度变迁与美国经济增长［M］.上海：上海人民出版社，2001.
② 刁田丁，兰秉洁，冯静.政策学［M］.北京：中国政策出版社，2000.
③ 孙光.现代政治科学［M］.杭州：浙江教育出版社，1998.
④ 戴维·伊斯顿.政治生活的系统分析［M］.北京：人民出版社，2012.
⑤ 杨伯峻.孟子译注［M］.北京：中华书局，1960.

载："先王之政"。①《韩非子》载："论厚薄之为政。"②《论语·为政》载："道之以政，齐之以刑。"③ 这些记载中的"政"，都是指国家制定政策、行使管理职能的意思。而"策"则有计谋、方法、策略的意思，另外在古汉语中还有激励、马鞭等意思。然而很难完全将"政""策"分离开来。政，谓策之依；策，谓政之行。有政无策或者有策无政，对于政府或统治者实行全面的统筹管理来说都是不可行的。有政无策，那么政只是空政；而有策无政，策也只能称之为乱策。只有把实政和良策结合起来，才能实现预期的政治目标。

严格来讲，中国古代历史上并不存在成体系的环境政策。笔者在本文中所提到的环境政策，主要指从史料及文献中梳理的包含环境内容的诏令和法规，即皇帝颁布的诏令、口谕和中央、地方制定的官方法令、法规，从经济学的角度出发，借鉴现代环境史学的研究方法，同时参考哲学、历史地理等学科知识对宋元明清时期若干方面的环境政策进行梳理，总结各个历史时期环境政策的特点，从中提炼出其中的生态环境思想，由中央和地方指定的环境政策构成生态环境思想的重要部分。然而由官方制定的环境政策经常罔顾区域间的差别，采取武断的"一刀切"政策，这会导致政策的可执行性下降，且高昂的成本也经常导致由政府主导的实施机制难以运行，因此以单纯的环境政策进行生态环境思想的研究是片面的。

因此，在对宋元明清时期环境思想的研究中，笔者引用地方志、神话、民谣中所蕴含的与环境相关的民俗以及宗教作为对于正式环境制度的补充。由政府所制定的政策虽然具有普遍的适用性，却常常不能与当地的具体情况相结合，而民俗是当地居民在长期生产生活中积累起来的适宜当地情况的非正式政策，恰好弥补了政策在具体实施中的困难。通过对于宋元明清时期非正式制度中环境思想的梳理，有助于弥补环境政策研究中的不足。

1.1.2 论域界定

从研究的时间范围上看，经历了北宋至清共四个朝代。笔者选取这一时间阶段进行研究，主要是基于宋朝以来的中国社会呈现出有别于以往朝代的面貌，历史学界有"唐宋变革论"之说。日本的宋代近世说学者宫崎市定认

① 王安石.临川先生文集［M］.北京：中华书局，1959.
② 高平华.韩非子［M］.北京：中华书局，2015.
③ 孔丘.论语［M］.哈尔滨：黑龙江人民出版社，2004.

为："中国文明在开始时期比西亚落后得多，但是以后这种局面逐渐被扭转。到了宋代便超越西亚而居于世界最前列。"①美国宋史学界则盛行以农业、科技、交通、印刷、商业等为核心的"宋代经济革命"说，他们认为由唐至宋发生了经济上由中国转向近世的变化。中国学者对于唐宋变革论具有独到的认识，漆侠从人口的变动、资源（土地）的变迁、生产力水平、生产工具的发展四个角度的考察得出"两个马鞍形"的论断，指出两宋以来的社会生产力水平得到了前所未有的发展，达到了新的历史高峰。谢和耐则将两宋以来社会的变革定义为一种"质的变化"——在政治风俗、社会、经济形态各个领域均体现出了宋代社会有别于前代的特征。这些学者对于两宋以来中国社会发展阶段的论断或许差异巨大，却不约而同将宋作为一个重大的历史分界线，自宋以来，中国古代社会的政治、经济、文化等方面都出现了区别于前代的特征。从生态环境角度来说，笔者选取宋元明清时期环境制度进行考察主要具有如下原因：一方面来说，两宋以来，小农经济逐渐成为占支配地位的经济形势。由于产权越来越明晰，小农经济对于资源的利用和保护更有效率；由于小农生产规模有限，因此抵抗风险的能力较弱，具有较强的投机性和环境的负外部性，因此对环境产生了国有土地所有制下迥异的影响。另一方面来说，两宋以来，中国传统的儒学在吸纳了佛教、道教等思想后得到复兴，形成了具有典型中华民族特征的中国本位文化，这样的文化长期影响着此后数千年中国社会的发展。因此笔者研究这一时期的环境政策，有助于追根溯源，寻找构建中国特色社会主义环境制度的文化土壤。

从研究内容上看，一方面，笔者从土地、水资源和森林资源三个角度出发，以正式政策为研究的重点对包括中央和地方在内的政策、诏令、法律、法规进行断代史研究。由于中国在近现代之前一直是传统的农业社会，农业是最重要的生产部门，因此土地资源处于生态环境保护的核心地位。随着人口的增长，土地资源尤其是耕地资源不能满足人口的增长所导致的物质需求，就引发了以提高生产率为目的的技术和制度的革新，其中提高水资源利用率、解决灌溉是增强地力的重要方式。此外，由于水权和地权相捆绑，人口增长也造成了水资源相对价格的变动，因此笔者将与农业密切相关的水资源作为政策研究的一个方面。在农业科学技术进步缓慢的状况下，通过增强地力或

① 李伯重. "选精""集粹"与宋代江南农业革命［J］. 中国社会科学，2010（01）.

改善灌溉条件等手段可以增加的单位收益十分有限。与此同时，科学技术的落后也在一定程度上抑制了人口的增长，但仍然无法扭转日趋尖锐的人地矛盾，人口的不断膨胀导致了土地资源的进一步紧缺，也加大了对于林业资源的消耗。更加重要的是，在巨大的人口压力面前人们被迫选择毁林开荒，这就对森林资源造成了破坏性的影响。因此，笔者对这三个角度政策的选择是有代表性的，可以构成在农耕社会由于人口增长所导致环境问题的基本逻辑链条。另一方面，笔者注重对于民间控制在这一时期环境保护中的作用，重视以乡约、民俗、原始宗教为核心的意识形态在环境保护制度中发挥的辅助性作用，并引入了盛行的佛教、道教中的生态环境思想作为补充。通过对政策变动的梳理，和对正式制度、非正式制度间力量消长的变动的分析，刻画了自宋到清环境制度由正式制度为主向非正式制度为主的整体变迁趋势，并对这一趋势对生态环境的影响做出新制度经济学的分析。

从环境政策的历史沿革上来说，中国古代社会的环境政策经历了以下的继承和变化。首先，早在先秦时期，人们对于生态环境保护给予了极大的关注，从西周至东周末期，大量关于山林川泽进行保护的法令、政策在先秦典籍中可谓俯拾皆是，例如西周时期颁布的《伐崇令》规定："毋坏屋，毋填井，毋动六畜。有不如令者，死无赦。"《礼记》中更有大量对于保护山川森林、劝诫百姓不违时令、顺应规律的记载，《吕氏春秋》的《上农》篇、《睡虎地云梦秦简》的《田律》篇均有关于环境保护的详细记载。可以说先秦时期是中国古代历史上对于生态环境空前重视的历史时期，这主要是因为在这一时期农耕文明尚不发达，采集、狩猎是最为主要的生产方式，于是山川森林均被作为君主最为重视的"财货"和最重要的生产资料进行保护。因此在农耕文明兴起并逐渐成熟后，统治者再未对于环境给予过如此高程度的重视。然而随着人口增长的总体趋势，整体来说自秦到唐的各项环境政策都在不断完善，郑辉在《中国古代林业政策和管理研究》中，将秦汉时期看作中国古代林业政策初具雏形的阶段，将魏晋南北朝和隋唐时期分别作为林业政策兴起和发展的时期。[①] 与此同时，土地、水资源的利用和保护政策都在这一时期得到了发展，可以说两宋以来的环境政策是在先代基础上的发展和完善，是以前代环境政策为范本的，例如宋代以来的农业用水政策，就是以唐代的

---

① 郑辉.中国古代林业政策和管理研究［D］.北京：北京林业大学。

《水部式》为基本范例的，而两宋以来的林业政策，也是在历代林业政策上进行的更加详细完善的优化。然而从另一方面来说，由于生产技术的划时代进步，我国的农业地理格局初步形成，加之前文提到的唐宋变革所带来的颠覆性突破，这使得两宋以来的环境政策与前朝产生了相当大的区别。因此自两宋开始的环境政策既同前代一脉相承，又有其自身的特点。

此外，笔者在本文的写作中，引入了关于产权问题的讨论。产权理论、国家理论和意识形态理论是诺斯理论中的三大基石。产权理论认为，产权人享有对资源的占有、使用、处置和盈利的权利，因而产权人有较强的激励动机不断提高资源利用率、优化资源的配置。环境作为公共物品，产权大多是国有或共有。国有和共有产权具有规模效益，这是区别于私有产权的显著特点；但与此同时，国有和共有产权也具有管理成本高昂、效率低下等问题。此外，这样非私有的产权还具有很强的负外部性，难以约束个人机会主义导致的对集体和公众利益的破坏，这就成了造成环境问题的重要原因。不论是环境史、历史地理、哲学甚至是法学均有关于古代环境政策的研究，然而并未将环境政策的研究纳入严格的制度分析框架，因此，以产权为出发点，通过探讨制度变迁、非正式制度与正式制度关系的研究是本文区别于其他学科环境政策研究的重要特点。

1.2 本书的现实价值

在浩瀚广博的宇宙中，地球是人类赖以生存的生机勃勃的美丽家园，上千年来良好的自然环境、适宜的气候条件、丰富的物产资源都为人类的生息繁衍提供了良好的条件。然而从近代工业革命以来，人类对于环境产生了前所未有的破坏性影响，资源日益枯竭，生态环境破坏，环境污染严重，由人类活动所造成的自然灾害频发……全球环境问题日益突出，严重威胁着全人类的生存发展并成为全球范围内最受关注的问题之一。各个国家纷纷致力于环境的保护，加快了环境保护政策制定的步伐。

2012 年 11 月，党的十八大从新的历史起点出发，做出"大力推进生态文明建设"的战略决策，从 10 个方面绘出生态文明建设的宏伟蓝图，将生态文明列入"五位一体"的中国特色社会主义事业总体全局，并明确写入党章。2015 年 5 月 5 日，《中共中央、国务院关于加快推进生态文明建设的意见》发布；同年 10 月，随着十八届五中全会的召开，增强生态文明建设首度被写入国家五年规划。正如时任国家林业局局长赵树丛所说："一部人类文明的发展史，就是一部人与自然的关系史。自然生态的变迁决定着人类文明的兴衰。"如何推动生态文明建设、促进生态环境的改善和资源的合理利用是关系可持续发展、社会主义大业和全中华民族福祉的重大问题。

环境制度代表一个国家对于环境问题的重视程度和管理水平，体现着政府对于环境的看法和总体思路。《旧唐书·魏徵传》曰："夫以铜为镜，可以正衣冠；以史为镜，可以知兴替。"[①] 研究中国古代环境制度的发展历程，探究其演变的规律及历史的经验教训，对于制定现阶段的环境保护制度有一定的借鉴意义，对于处理人与自然的关系提供了思路，也为生态文明建设和可持续发展战略提供了历史启示。概括来说，在笔者看来，环境政策对于环境和国家经济、社会发展的作用主要体现在以下三个方面：第一，科学的环境制度调动了人的积极性，通过认识引导、政策宣传、法律约束、奖惩机制等措施提供激励，调动更多社会资源和人力资本投入到对于环保事业中。第二，利用国家强制力规范资源的利用，保证资源开发的可持续性，实现以生态文明为指导的资源可持续发展。第三，促进环境科学技术的发展，提高环境科学技术的生产力水平。因此，国家对于环境制度的建设必须给予高度重视，对于古代环境制度尤其是环境政策演变分析的借鉴，结合了我国的具体国情，考虑了中国传统的生态伦理观，对于现阶段我国各项环境政策的制定大有裨益。正如《河流、平原、政权：北宋中国的一出环境剧，1048–1128》的作者张玲所认为的那样：面对诸多的环境问题，我们需要回到历史中去寻找答案；只有当人类文明与自然之间的关系在历史中经受过检验之后，我们才能以一种更为全面、深刻的方式去思考和解决今天日渐复杂的环境问题。

目前，人文工作者对于环境问题的研究集中在历史学，尤其是环境史学界，环境经济学也有所涉及。对于环境史学界而言，关于中国古代的环境史研究方兴未艾，尚且处于发展的起步阶段。作为跨学科的专业，自然科学和人文学科的分野仍是环境史学尚且无法克服的问题之一，中国的环境史仍是著名海外中国环境史学家伊懋可所定义的"自然科学导向"的环境史。他曾经说过："从总体上看，在我一生的绝大多数时光中，中国在与环境史有关的

---

① 刘昫.旧唐书·魏徵传 [M].北京：中华书局，1975.

学术领域的学术研究强项在自然科学而不是人文科学。"①梅雪芹也认为："在1949 年之后很长一段时间内，与环境史相关的研究更多的是在自然科学的范畴内进行的，其研究旨趣主要在于认识和把握自然环境的变迁及其规律，相对淡化了有关问题的社会性。"②因此关于环境政策的论述在环境史类研究中只是零星分布、不成体系的极小的一部分。现代环境经济学则是利用经济学原理为环境保护政策和环境管理提供理论依据的科学，其中涉及大量利用环境计量方法对于环境经济问题以及现行环境政策有效性的研究，与环境史及历史地理专业相比，对于古代环境政策更是鲜有涉及。总体来看，现如今对于中国古代环境制度的研究仍然比较薄弱，尚未在学界引起足够的重视和关注，关于古代环境政策的研究大多侧重于某一个具体的环境问题，如水利、动植物、森林等，且大多是针对个别历史时期做的断代研究，内容各有侧重，但总体来说缺乏总体把控的、通史性质系统性的政策研究。

因此，笔者在这篇论文中，选取三个有代表性的角度对于自北宋到清末的环境政策进行了梳理，对于环境政策的研究是较为系统的，同时并不局限于对于史料的梳理和归纳。作为正式制度的主要构成，环境政策的研究只是宋元明清时期环境制度研究的一部分。更加重要的是，笔者非常注重环境制度研究中的非正式制度部分，在一定地域内为大家接受的乡约、民俗、原始信仰甚至宗教，构成了对于环境政策的有力补充。乡约等非正式制度与正式制度的方向性指导相适应，同时结合了本地自然环境、社会条件的非正式制度与正式制度相比更具有可操作性，中国古代社会极弱的人口流动保证了一个区域内乡约的约束力，通过重复博弈自发形成的民间信仰是民众进行自我约束的内在动力，极大地降低了政策执行的成本。在对环境制度从北宋至清末变迁的研究中，笔者在新制度经济学框架下分析了制度变迁的整体趋势：总体来说北宋以来的环境政策变动不大，后世环境政策是建立在宋朝体系基础上的小修小补。从正式制度同非正式制度的力量对比来说，出现了环境保护主要依靠非正式制度和民间控制的诱致性制度变迁。本应通过环境政策、法律、法规进行环境管理的政府将环保事务"下放"至民间，这事实上是一种"政策失灵"。

---

① 包茂宏. 中国环境史研究：伊懋可访谈［J］. 中国历史地理论丛，2004（1）：128.
② 梅雪琴. 中国环境史研究的过去、现在和未来［J］. 史学月刊，2009（6）：19.

1.3 本书的理论价值

随着近些年对于人们对于环境保护重要性的认识逐渐加深，学界涌现出一大批宣扬中国古代环保观念的研究。一些学者将一些法令断章取义、将一些朴素的环境保护观念过分解读，作为中国古代重视环保、拥有极强环保意识的证据。自战国以来，道家所尊崇的"与天地精神往来"的出世、超脱思想同儒家强调主观能动性的入世、进取思想结合，互相完善、互相补充形成了为大众所普遍接受认可的大众环境认识，即以"天人合一"为核心的中国传统生态伦理观。佛教传入中国并广泛兴起后，它所提倡的众生平等思想与"天人合一"的理念不谋而合，进一步扩充了传统生态伦理的内涵。诚然，在传统的生态伦理观中包含着朴素的环境保护思想，早在《周礼·山虞》就有"仲冬斩阳木，仲夏斩阴木"的描述，①《礼记·王制》中则提到："草木零落，然后入森林。"②孟子的《孟子·梁惠王上》亦有"数罟不入洿池，鱼鳖不可胜食也；斧斤以时入山林，材木不可胜用也。"③的描述，教导百姓遵循自然规律进行生产劳动。然而笔者认为，上文所提到的这些思想，更多是在农耕文明初期，采集和狩猎是获得生活所必需的物资的唯一手段，统治阶级将山川、森林、动植物作为其所拥有的"财货"而进行的保护，是对于"财货"产权进行的宣誓，与以提倡人与自然和谐健康发展的现代生态伦理可谓风马牛不相及。加里·斯奈德④认为传统的中华民族并不是真正意义上的生态民族，古代中国也并不是真正的生态国家，他在多篇作品中均表现了对于中国古代破坏自然环境的批判。他对中国文学、文化所表现出的亲近自然的倾向也持怀疑态度。⑤

一方面，笔者认同古代的中国人在与自然和谐相处、促进环境保护和资源的可持续发展方面有着令人称道的智慧。然而从另一方面来说，这种"智

---

① 徐正英.周礼［M］.北京：中华书局，2014.
② 李慧玲.礼记［M］.郑州：中州古籍出版社，2010.
③ 杨伯峻.孟子译注［M］.北京：中华书局，1960.
④ 美国现代诗人、散文家、环保主义者、禅宗信徒，深受中国文化影响，他的一些作品从立意、取材到措辞都表现出浓重的中国色彩。作为一个环保主义者，他的作品包含着对自然的深沉热爱，以及对于构建人与自然亲密关系的向往。代表作为《龟岛》《砌石与寒山诗》《神话与文本》。
⑤ 这种怀疑的态度和作者的观点相类似，在中国古代文学中，以描写自然风光之旖旎、田园生活之闲适的山水田园派作品不在少数。与其说这些作品表达的是对良好生态环境的重视，不如说是知识分子对于逃离人间尘世的向往。

慧"是出于维护生存和发展需要自发性行为，而非有意识地进行环境保护，中国文人所倡导的亲近自然是一种诗性的浪漫，这与秉承科学、客观态度所宣传的环境保护有着本质差异。

中国传统的生态伦理观与现代客观、科学的生态伦理观更是大相径庭。在笔者看来，中国古代的环境政策并不等同于环保政策。在研究中国古代的环境政策时，不仅应当看到对于环境的保护，也应看到政策对于环境的破坏和资源的浪费，这对于当今仍是农业大国的中国如何制定环境政策而言有着重大的借鉴价值。

1.4 本书结构

本书共分六个章节，在第二、三、四三个章节中，分别针对土地、水资源和森林资源三方面内容进行自北宋到清末政策的总结和梳理，分析在不同的历史时期的政策特点。第五、六章节主要探讨了宋元明清时期环境制度的非正式制度部分。在第五章，主要介绍作为环境政策辅助的民间生态管理与保护，这是构成非正式环境制度的重要组成部分。在第六章中，笔者探讨了宋明理学、民间信仰、佛教、道教中的生态伦理和生态环保思想，同时涉及了相关的环境保护实践，作为非正式制度的思想观念部分对第五章进行补充。在最后一章，笔者引入了新制度经济学理论，从产权角度对环境问题的起源进行了解释，分析了制度变迁的路径，并用诱致性变迁理论进行了分析。

第二章　宋元明清的土地资源政策

　　环境问题是如何处理人与自然关系的问题，是在经济发展和社会进步中如何正确处理人与自然资源关系的问题。在与所有自然资源的关系中，人与地的关系无疑是最重要的，马克思认为："土地，原来就会以食物、现成的生活资料供给人类，不待人的协作，就当作人类劳动的一般对象出现了。"[①] 在长期以农业生产为主的中国历史上，如何正确利用土地资源、处理好人和土地之间的关系变得尤其重要。早在先秦时期，中国人已经认识到正确管理土地资源对于经济发展的重要性，李悝指出："治田勤谨，则亩益三斗，不勤则亦如之。"[②] 孟子则提出："民之为道也，有恒产者有恒心，无恒产者无恒心，苟无恒心，放辟邪侈，无不为己。"[③] 对于农民而言，最为重要的恒产就是"五亩之宅""百亩之田"，就是所谓的土地资源。《商君书》也认为，"小亩五百，足待一役，此地不任也；方土百里，出战卒万人者，数小也。此其垦田足以食其民，都邑遂路足以处其民，山林、薮泽、溪谷足以供其利，薮泽堤防足以畜。故兵出，粮给而财有余；兵休，民作而畜长足。"[④] 可以看出合理利用土地资源被商鞅作为富国强兵的最重要方式。而根据新制度经济学，在中国古代，土地和劳动力是最为重要的两类生产资料，两者的数量比较决定了生产要素相对价格的变动。通常来说，在一个朝代初期，由于前朝的战争和社会动乱人口锐减，往往会出现大量无人耕种的荒地，这时劳动力资源相对于土地资源较为稀缺，具有较高的相对价格，土地资源也不能完全实现潜在的利润。因此政府往往会采取休养生息的政策，轻徭薄赋、鼓励垦荒、刺激生育，扭转由于劳动力短缺带来的潜在经济损失。而在更长的时期，

---

① 马克思.资本论第 1 卷［M］.上海：上海三联书店，2009：193.
② 班固.汉书・食货志上［M］.北京：中华书局，2012.
③ 杨伯峻（译注）.孟子译注・梁惠王上［M］.北京：中华书局，2010.
④ 石磊（译注）.商君书・算地［M］.北京：中华书局，2011.译意大约为：每个人分得五百亩土地，国家取得的税赋不足以养活一个兵员，这是由于土地不足的缘故；方圆百里的土地，派出一万名将士，人数较土地面积相比也是不足的。只有土地资源和人口数量相匹配，才能发展经济、为可能发生的战争做好准备。薮（sǒu）泽：水草茂密的沼泽，黔谷：通"溪谷"。

土地相对于劳动力而言是稀缺资源，尤其是在明清时期人口迅速增长的阶段，过剩的劳动力使得生产中的劳动力资源投入的边际生产率近乎为零，土地具有极高的相对价格，因此如何制定土地资源政策、通过政策变迁激发潜在利润是政府普遍关心的问题。事实上历朝历代的统治者都对土地资源的利用和保护给予了高度重视，需要注意的是，所有的历史朝代的土地资源政策都是基于"重农"的目的，与现代注重生态协调和可持续发展的政策有本质区别。基于这样的立足点，土地政策对于不同类型、不同地域的土地资源造成了或好或坏的影响。安史之乱后中国的经济重心逐渐南移，不仅使得中国农业地理格局出现了颠覆性变革，也推动了生产方式的颠覆性技术变革，由此引发了一系列土地资源政策变迁，此后的宋元明清时期，关于土地资源的管理与保护政策愈加完善。

2.1 两宋时期的土地资源政策

作为传统的农业国家，在重农思想的影响下，中国历代关于土地资源的管理、利用和保护政策一脉相承，这主要源于传统农业社会生产方式的稳定性。在长达数千年的时间里，以农业为主的产业结构近乎未曾发生改变，农业科学技术的发展也十分有限，而王朝的兴衰和朝代的更替使得历代的人口呈周期性增减，却始终维持在一个较为稳定的水平[①]，这使得土地和劳动力的要素价格维持在一个相对稳定的水平，因此根本的制度变迁缺乏驱动力。然而自宋朝开始，中国的农业地理格局发生了巨大的转变，这就是笔者对宋元明清的土地政策给予关注的最初原因。地理格局的巨变来自水旱轮作制的出现。韩茂莉在《中国历史农业地理》中提到："旱地作物的南传仅是南北两大农耕区融为一体的开端，水旱轮作制才真正将旱地作物融入南方核心农业区，这一轮作制度出现在宋代水旱轮作体系出现之前，旱地与水田为两套独立的耕作系统，两大系统不但依托完全不同的自然环境，而且各自采取技术特征鲜明的农耕技艺。水旱轮作通过耕作技术在将水、旱两种完全不同的作物融入同一块土地的同时，空间上实行了南中有北、北中有南的作物分布格局与轮作体系，这一体系也是宋以后中国各地尤其南方农作物组合中最活跃的部

---

① 人口总体呈上升的趋势，但在明清以前还未超出环境的负荷。

分。"①水旱轮作制在传统的农业社会，是一个意义重大的技术创新，赋予了已有的土地资源更多可以挖掘的潜在利润，推动了土地资源要素的变动，从而推动了土地资源政策的进一步的完善。于是，在经过三国至唐初的传统旱作农业定型后，传统水田农业在两宋开始定型，确定了中国历史上基本、稳定的农业地理格局。两宋的土地资源政策与前代一脉相承，然而随着农业科学技术的进步、地理格局的改变等技术创新的发生，开始变得愈加完善，成了后世制定政策的范本。

2.1.1 劝农政策

在中国古代社会，最为主要的土地资源管理政策就是劝农政策。为促进农业发展，统治者颁布法令，鼓励农民进行农业生产、技术革新、引进新作物等措施，均会对最为直接的农业生产资料——土地资源产生直接的影响，一些劝农政策依托当地农民长期成熟的耕作和生产经验，促进了土地资源的可持续利用和作物产量提高的双赢，而与地区具体情况脱节的政策则对于土地资源造成了破坏性的影响。

北宋建立之初，中原经济在五代十国近百年战乱中凋敝不堪，周边的契丹、党项、女真等少数民族对北宋王朝虎视眈眈。在强敌环伺、内忧外患的情况下，宋太祖赵匡胤对于农业发展给予了高度重视，在即位之初就提出"永念农桑之业，是为衣食之源。"号召各级官员劝课农桑，使得"广务耕耘，南亩东高，俾无遗利。"②并在开宝五年，明确提出"劝课种艺，郡县之政经"③，将劝课农桑作为官员的职责以政策形式肯定下来。宋真宗时专设劝农官，令"少卿、刺史、阁门史以上知州者，并兼管内劝农使，余及通判并兼劝农事，诸路转运使、副兼本路劝农使，"④这就是八衔劝农使的由来。可以看出宋朝将劝农作为衡量官员政绩的重要标准，这样的政策在历朝历代都是存在的，但对于鼓励官员劝农的政策往往流于表面的号召，缺乏严肃性和可执行性。吴存浩认为："对于官吏的农功劝课不再停留于泛泛号召，而是带有提

① 韩茂莉.中国历史农业地理［M］.北京：北京大学出版社，2012：5.
② 司义祖.宋大诏令集·卷182［M］.北京：中华书局，1962.
③ 司义祖.宋大诏令集·卷182［M］.北京：中华书局，1962.
④ 汪圣铎（点校）.宋史卷173·食货志上一·农田［M］.北京：中华书局，2016.

高官吏劝课农功智能的性质。"① 这是宋朝劝农政策区别于前代的一个显著的特征。

宋朝将劝课农桑作为衡量官员政绩的最主要标准，制定了详细具体的奖惩规则。对于劝农成绩显著的县令，则给予"旧减一选者，更加一阶"② 的奖励。仁宗末年，唐州③ 守令赵尚宽采取措施鼓励垦荒，吸引淮南、湖北的流民两千余户至唐州，兴修水利开垦万顷荒地，得到了英宗皇帝"特进一官，赐钱二十万，复留再任"④ 的奖励。再如对于招徕劳动力进行农业生产的官员，明确规定"州县官抚育有方，户口增益者，各准见户每十分加一分，刺史、县令各进考一等。"与此相对的是，政府严厉打击官员在其位不谋其政、互相推诿劝农责任甚至对农业撒手不管的行为，对于不能恪尽职守、劝课农桑的官员，惩罚措施非常严酷。诏令明确规定"其州户不满五千，县户不满五百，各准五千五百户法以为分。若抚养乖方，户口兼毫，各准增户法亦减一分，降考一等。"⑤ 对所辖区域劳动力流失的官员进行降职惩罚。建隆二年，给事中⑥ 常准因在馆陶县⑦ 阔田不均被削官两级，县令程迪则处以杖刑并被流放海岛；商河⑧ 令李瑶则因度田时收受贿赂被杖杀，牵连未察举此事的左赞善大夫申文纹被罢官为民。这样严厉的手段是否可取或待商榷，但宋代时政府对于官员劝课农桑职责的重视可见一斑。在历史上，宋朝以官僚体系的庞大而闻名，建立了一整套自上而下的管理体系。对于包括土地资源管理在内的各项事务，都采用了垂直分级管理的模式。对于基层官员的劝农工作，有一套较为严明的奖惩机制，这就将当地的经济发展同官员自身的升迁和利益结合起来，这是统治者乐于见到的结果。通过这样的垂直管理，有效地减少了"委托－代理"问题，基层官员作为政府的代理人，有较大的动力投入到推动农业生产的工作中。从另一方面来说，宋朝严密的官僚机构和垂直管理的体系，增加了对于各级、尤其是基层官员的监管机制，有效地抑制了个人机会

---

① 吴存浩.中国农业史［M］.北京：警官教育出版社，1995.

② 司义祖.宋大诏令集·卷182［M］.北京：中华书局，1962.

③ 今河南省泌阳、方城、唐河、桐柏、社旗一带。

④ 汪圣铎（点校）.宋史卷173·食货志上一·农田［M］.北京：中华书局，2016.

⑤ 李焘.续资治通鉴长编卷3［M］.北京：中华书局，2004.

⑥ 宋代官名，神宗改制之后重新设官，正四品，设置四人，负责处理门下省日常事务，处理内外出纳文书等职责。

⑦ 今河北省下辖县。

⑧ 今山东商河县。

主义的产生，这进一步减少了"委托－代理"问题。但与此同时，维持庞大的官僚机构具有极高的成本，这是宋朝"积贫"问题产生的重要原因，也是宋之后的朝代逐渐减弱对于土地资源垂直管理的原因。但在两宋时期，官员作为基层管理人员，对于地区农业生产的重视和管理大大加速了农业的发展和农业地理格局的形成。

除采用严格的奖惩措施敦促官员对地方农业生产进行管理干预外，两宋统治者格外关注提高官吏指挥农业生产的技能。尸位素餐者固然不可取，但不明农事的官员"瞎指挥"则会严重妨碍农业生产，进而对土地资源甚至地区生态系统产生破坏性的影响。两宋时期政府已经认识到了这一点，宋神宗时，利州①转运使李防建议校勘雕印《齐民要术》和《四时纂要》，"颁布诸路劝农司"②，劝导地方官员学习农业知识，这样才能因地制宜对农业生产因势利导，提高生产效率。

其次，两宋政府极其重视对于农业生产环境的改良和农业生产技术的推广应用，这是两宋时期劝农政策的又一大特征，这一特征对于土地资源的管理和利用起到了巨大的作用。在农药、化肥尚未出现的农耕时代，具有极大偶然性的良种培育对于农业生产效率提升的贡献非常有限。如何因地制宜利用区域独特的区位优势是提高农业生产水平的关键，政府下令"练土地之宜，明种树之法，补为农师，"③即遴选善于进行农业生产的农民加入农师，指导地区农业生产，并对于农师给与税收、杂役等一系列优惠条件。在此基础上，农业生产越来越注重因地制宜，充分考虑当地的土壤、气候、地形等条件。在两浙、荆湖、岭南等气候湿热、雨量充沛的南方地区"劝民益种诸谷"，除水稻外种植粟、麦、黍等多种作物，防范水旱灾害造成的灾荒；在河北的雄、霸等州，则充分考虑其陂塘众多的地形大力提倡水稻种植，并成功将旱稻品种引进种植，自此河北成为"蒲苇赢蛤之饶"之地，"民赖其地。"④对于因地制宜的强调固然是从促进农业生产的角度出发，然而在土地上采用科学方法种植适宜的作物无疑对于土地资源的培育和可持续发展起到了重大作用，客观上对于土地资源的保护起到了积极作用。此外，政府逐渐意识到

① 今四川广元。
② 宋会要·食货·农田杂录。
③ 司义祖.宋大诏令集·卷108［M］.北京：中华书局，1962.
④ 李焘.续资治通鉴长编卷34［M］.北京：中华书局，2004.

"桑枣之利，衣食所资"①，对于养蚕种桑愈加重视。法律规定："民种桑柘，毋得增赋。"政府对于没有养蚕种桑传统地区的扶持政策更加宽厚，"有罪而情轻者"甚至可以"视所植多寡除其罚"②。在不适宜种植粮食作物的土地上种植桑树、柘树养蚕，说明政府越来越深刻地意识到土地资源的利用是多样的，除被政策保护的耕地外，越来越多种类的土地资源开始被纳入政府管理的范畴，根据宋史记载："民伐桑枣为薪者罪之，剥桑三工以上者为首者死，从者流三千里，不满三工者，减死配役，从者徒三年。"③对于破坏砍伐桑柘的行为政府予以重罚，这对于地表脆弱、不适宜耕种土地起到了保护作用，对于区域生态环境的维护也有着重大意义。

此外，为保证农业的发展，两宋政府免征农器税、禁杀耕牛，对于贫困百姓给予贷款、贷种的优惠，这些政策极大促进了农民的生产积极性，以空前的热情投身到农业生产中，劳动人民的智慧得到了充分的调动和发挥。至两宋时期，我国基本的农业地理格局已经形成，精耕细作的农业技术发展已经相当成熟，完善的土壤辨识、农作物选择、轮作方式将土地资源的利用发挥到极致。不论这样的精耕细作对土地资源产生了或好或坏的影响，土地资源在各个地区的利用模式已经基本形成，在随后的明清时期并未发生显著变化，农业生产方式的成熟也推动了土地政策的成熟，元、明、清的土地资源政策是在两宋基础上的进一步发展和完善。

两宋时期完备的劝农政策促进了农业的发展和进步。与此同时，成熟完善的耕作模式使得对已经开垦的土地资源的利用方式固定下来，农耕模式、农耕文化都已达到极致，其后只能依靠增加劳动力来维持边际生产率的微弱提升。因而在其后的朝代，通过技术革新提高已有地力来提高生产效率的成果寥寥，因而相应的政策主要集中在开荒以获得新的土地资源上，通过扩展疆域来平行转移生产方式，因而在此处将成熟的农业发展模式对土地资源造成的影响进行总结，在随后的章节不做赘述。

首先，两宋时期的人们对于土壤类型的辨识已经成熟，是否能因地制宜、利用土地资源的特性进行农业生产，成为土地资源能否得到合理利用和保护的关键。其实，早在春秋战国时期，中国人已经有了辨识土壤的意识，《周

① 司义祖．宋大诏令集·卷182［M］．北京：中华书局，1962.
② 汪圣铎（点校）．宋史卷314·范纯仁传［M］．北京：中华书局，2016.
③ 汪圣铎（点校）．宋史卷173·食货志上一·农田［M］．北京：中华书局，2016.

礼》中就有记载："东南曰扬州，其谷宜稻。正南曰荆州，其谷宜稻。河南曰豫州，其谷宜五种……"[1] 及到宋代，将土壤特性同农作物适宜的条件相结合的辨方思想已经非常成熟完善。《宋史·地理志》中记载："京东路得兖、豫、青、徐之域……宋初，以人稀土旷，并省州县。"[2] 详细记载了宋廷治下各地区的物产、风俗，但整体来看以辨方为清晰的框架。宋朝的陈旉[3] 提出，"禹平洪水，制土田，定贡赋，使民知田有高下之不同，土有肥硗之不一，而又有宜桑宜麻之地。"[4] 这就是明确进行土地辨识、因地制宜思想，与元代王祯所提出的"江淮以北，高田平旷；江淮以南，下土涂泥"[5] 如出一辙。新品种的引进、良种的繁育和复种轮作的出现为土地资源的多样化利用提供了可能，耐旱的占城稻在两宋时期被引入中国，大中祥符五年，由于天下大旱，宋真宗派人从福建调集占城稻三万斛，令江淮浙百姓"择民田之高仰者莳之"，并"内出种法命转运使揭榜示民。"[6] 此后占城稻在江淮浙等地落户，使得较干旱的土地得到了利用。轮种复作的出现和逐渐成熟，也为土地资源的利用注入了新的活力。韩茂莉认为："如果说第一次开发是农业种植空间的延伸，那么第二次开发不仅提升了土地利用强度，且叠加了更多的技术元素。"[7] 这是一种典型的技术创新，新作物的引进和复作技术的进步，使得两宋以来土地资源的利用出现了多样性的特征。地处长江下游平原的江苏宝应"地里其东皆沮洳[8]，卑下之田宜种稻粳其西颇高，多陵地，宜于豆麦。"[9] 位于四川的成都平原虽素有天府之国的美誉，土壤却仍有肥硗之分，彭县土壤"有沙有泥"，"最劣者曰白鳝泥，田坚确难治，所出亦远不逮他田。"[10] 因而当地百姓遵循土地性质安排种植不同的农作物，在地势高处种植大小麦和蔬菜，在粗且燥的沙地种植乌蓣……因地制宜对土壤的合理利用不仅提高了生产效率，更实现

---

① 徐正英、常佩雨（译注）.周礼·夏官·职方［M］.北京：中华书局，2014.
② 汪圣铎（点校）.宋史·地理志［M］.北京：中华书局，2016.
③ 出生于南宋时期，著有《农书》一书，详细论述了当时南方的农业生产方式，包括种植水稻、养蚕、养牛等经验。
④ 王毓瑚.王祯农书·农桑通绝之一［M］.农业出版社，1981：14.
⑤ 王毓瑚.王祯农书·农桑通绝之一［M］.农业出版社，1981：14.
⑥ 李焘.续资治通鉴长编卷77［M］.北京：中华书局，2004.
⑦ 韩茂莉.中国历史农业地理［M］.北京：北京大学出版社，2012：8.
⑧ 沮洳（jù rù）：低湿之地，由腐烂植物埋在地下形成的沼泽。
⑨ 《惟扬志·风俗志》卷一一。
⑩ 《彭县志·土田志》卷三。

了对于土地资源的养护。尽管即便到明清时期，黄河流域还经常由于对于土地资源的不合理利用，导致水灾的频发，也使得"开、归、陈、汝四府滨河斥卤之地，不生五谷，"①土地资源由于盐碱化受到极大破坏，但究其原因，主要是来自人口的压力，在如何正确利用土地方面两宋时期就已形成了科学的意识。

其次，两宋时期已经形成了比较科学的土壤培育和地力维护技术。针对农业中最为重要的灌溉问题，各朝各代都极其重视对于水资源的管理和水利工程的修建，考虑这一点的重要性，将在后一章详尽叙述。除水源外，如何维持土地的肥力是土地资源保护中又一大重要问题，两宋时期人们加深了对于粪肥在农业生产中重要性的认识。陈旉指出："凡田土种三五年，其力已乏，斯语殆不然也，是未深思也。若能加新沃土壤，以粪治之，则益精熟肥美，其力当常新壮矣。"②对于粪肥的使用始于南方地区，元代王祯在《农书》中提到："大粪力壮，南方治田之家，常于田头置砖槛窖，熟而后用之，其田甚美。北方农家亦宜效此。"③秋冬时节，农家通常会趁农闲之际"造粪壤"，具体做法为将土壤表面的草根铲除烧成灰，和粪混合使用。越是在发达的地区，越是注重对于粪肥的运用。程珌④认为："没见衢婺之人，收蓄粪壤，家家山积，市井之间，扫拾无遗。"⑤除粪肥外，河泥也是两宋时期经常使用的一种天然肥料，关于河泥作为肥料的使用，有记载道"竹罾两两夹河泥，近郭沟渠此最肥。载得满船归插种，胜于贾贩岭南归。"⑥说明河泥在江南地区已经得到了广泛的使用。此外，苜蓿、麻粘等都被作为肥料用来培植地力，增强土地资源的利用效率。两宋时期的农业生产中还开始将除草和施肥结合起来，陈旉批评了"耘除之草，抛弃他处，而不知和泥渥浊"的做法，认为应该"深埋之稻苗根下，沤罨既久，即草腐烂，而泥土肥美，嘉谷秾茂。"⑦田间管理技术的进步尤其是施肥技术的进步，对于培植地力、改良土壤、保护耕地资源有着重大的意义。

---

① 《河南疏》卷一。
② 王毓瑚.王祯农书·农桑通绝之一［M］.北京：农业出版社，1981：14.
③ 王毓瑚.王祯农书卷3［M］.北京：农业出版社，1981.
④ 宋代人，字怀古，号洛水遗民，代表作品《洛水集》。
⑤ 程珌.洛水先生朱文公文集卷99·南康军劝农文.
⑥ 毛翊.吾竹小稿·吴门田家十咏［M］.
⑦ 陈旉.陈旉农书校注·薅耘之宜篇［M］.北京：农业出版社，1965.

2.1.2 垦荒政策

两宋时期的垦荒政策是劝农政策最重要的内容，考虑其在土地资源利用和保护中起到的作用重大，因而特此对垦荒政策进行论述。由于连年战乱经济凋敝，两宋时期的荒地较多，北宋初年，陈靖就指出"今京畿周环二十三州，幅员数千里，地之垦者十才二三。"①嘉佑三年，欧阳修亦指出："闻今河东路岚石之间山荒正多……淮安古称膏腴，今日独荒秽。"②可以看出，在北宋初年，即便是京畿重地也由于战乱侵袭有着大片可供开垦的荒地。宋太祖杯酒释兵权，将土地的私有制以"择便好田宅市之，为子孙立永久之业"③的方式确立下来，随后历任统治者均对垦荒和土地资源的利用进行了鼓励。总结来看，两宋时期的垦荒政策主要分为几个方面的内容。

首先，确立了垦荒者对于所垦土地的所有权，对于有主荒地，两宋政府颁布法令，积极倡导流落他乡的农民重回故土务农，干德四年就有诏令提到："应先给在剑外人，署平来认田宅者。"④说明土地的旧有者对于荒地有着优先的所有权，这样的政策意在引导流民返乡，有助于社会秩序的恢复和农业生产的进行。对于无主荒地，则积极鼓励有能力者进行耕种，给予其所有权。太平兴国七年，开封府诏曰："近者蝗旱相仍，民多流徙，宜设法招诱，满百日不至，其桑土并许他人承佃，便为永业。"⑤江南地区对于后唐所遗留的私有荒地，则采取"以见佃人为主"⑥的原则，要求地方官员拒绝受理旧主人索要土地的诉讼。自宋以来至清末期，土地的私有制开始以法律形式被确定下来，而大多数农民分到的只是小片土地，因此易于管理，具有完全的排他性，充分调动了农民的生产积极性，这就从产权和制度层面为土地资源的合理利用提供了保证。其次，政府以减免税赋为优惠条件鼓励开荒，规定对于农民开垦的新田，"州县不得捡括，止以见佃为额。"⑦淳化元年，政府为鼓励开荒给出减免三成租额、五年免征赋租的优惠，至道三年则允许开荒者"不计岁

① 汪圣铎（点校）.宋史卷173·食货志上一·农田［M］.北京：中华书局，2016.
② 李焘.续资治通鉴长编卷34［M］.北京：中华书局，2004.
③ 李焘.续资治通鉴长编卷34［M］.北京：中华书局，2004.
④ 徐松（辑）.宋会要辑稿·刑法3［M］.北京：中华书局，2014.
⑤ 李焘.续资治通鉴长编卷23［M］.北京：中华书局，2004.
⑥ 徐松（辑）.宋会要辑稿·食货1［M］.北京：中华书局，2014.
⑦ 李焘.续资治通鉴长编卷7［M］.北京：中华书局，2004.

年，未议科税，直俟人户开封事力胜任起税。"[①] 这样减免新垦荒地税赋的举措，对于保护、扶持小农经济大有裨益。最后，政府向贫苦的开荒者提供贷款、粮种和耕牛，扶持一贫如洗的小农进行开荒。至道二年，官府开仓发放"粟数十万石，贷京畿及内郡民为种。"[②] 南宋时期还对开荒者给与"种与牛，授庐舍"的优惠措施。[③] 通过这样的举措，小农获得了开垦荒地的起步资金，对于土地所有权的保证和税赋的优惠也保证了小农可以进行稳定的农业生产。此外，政府对于官员劝农的要求也敦促地方官吏积极推动当地的垦荒。

表面来看，两宋时期的垦荒政策与后世没有明显差别，然而人口与土地资源的比较使得这一时期的垦荒政策产生了异于明清时期的特征。由于人口基数较小，劳动力资源具有较高的相对价格，开发土地、平行转移生产方式仍然是挖掘潜在经济效益的有效途径。必须承认的是，两宋时期的垦荒政策卓有成效，除北方京畿地区农业得到迅速的恢复外，江南地区的开发达到了前所未有的高度，两浙地区率先引领使用最先进的农业生产用具，改良生产方式，使得精耕细作的集约化农业生产超越了北方地区，在运往京师的漕粮中，"江南所出过半"[④]，形成了"苏长湖秀膏腴千里，国之仓廪也"[⑤]的局面，所谓的"苏湖熟，天下足"就是从两宋时期开始的。然而，就开荒的范围和土地的经营方式上来说，两宋时期垦荒的范围集中在较为核心的区域，尚未过多进行边疆的开发；且从经营方式上来说，尽管西部、南部地区也进行了一定的开发，但土地利用方式大多非常粗放，在以峡州[⑥]为中轴线的西侧甚至仍然广泛采用刀耕火种的耕作方式。甚至于江南西路的萍乡地区的农业生产也仍然是"耕锄兢畬田，鱼樵喧会市"[⑦]的局面，闽西的龙溪山区[⑧]也是"畬田高下趁春耕，野水涓涓照眼明。"[⑨] 这引出了两宋垦荒的第二大特征：对于已经开发地区的土地资源利用主要集中在以种植粮食作物为主的耕地资源，对于山区和丘陵的开发也采取种植粮食作物为主的方式，然而由于开发程度很

---

① 徐松（辑）．宋会要辑稿·食货 1［M］．北京：中华书局，2014.
② 董煟．救荒活命书卷 1［M］.
③ 汪圣铎（点校）．宋史卷 384［M］．北京：中华书局，2016.
④ 汪圣铎（点校）．宋史卷 288·任中正传［M］．北京：中华书局，2016.
⑤ 范仲淹．范文正公文集卷 9·上吕相并至中丞咨目［M］．北京：国家图书馆出版社，2017.
⑥ 今湖北宜昌
⑦ 蒋之奇．蒋之翰、蒋之奇遗稿·萍乡［M］.
⑧ 今福建省漳州市。
⑨ 钱钟书．宋诗纪事补正卷 29［M］．沈阳：辽宁人民出版社，2003.

低，因而并未对土地资源和山区环境造成巨大破坏。两宋时期的垦荒范围和垦荒方式是区别于明清时期垦荒政策结果的主要特征。

由于人口的南迁和经济重心的南移，江南地区的人口压力逐渐增加，沙田、滩涂田、梯田等类型的耕地开始在江南出现，以提高土地资源的利用率。在这些新类型的耕地中，两宋时期圩田的建设最受瞩目，政府对于建立圩田进行了大力的鼓励和支持。圩田，是为充分适应江南地区湿润气候的集水利及农田为一体的一种土地利用模式。杨万里对于圩田的解释为："圩者，围也。内以围田，外以围水。盖河高而田反在水下，沿堤通斗门，每门疏港以溉田，故有丰年而无水患。"① 具体来说，就是利用在沼泽或湖泊淤地建立堤坝，围田于内、挡水于外的形式，充分利用了沼泽和淤地肥沃的土壤资源以及便利的灌溉条件，大大提高了粮食生产的效率。早在三国时期圩田就已初具雏形，到宋朝时发展成为联圩，就是通过修筑长圩将众多小圩连结起来的形式，构造合理的联圩对于防范水旱灾害有着显著的作用，得到宋朝政府的大力支持。绍兴二十三年，宣州② 受洪灾侵袭，周边诸县尽成泽国，当地政府向宋廷请命建立联圩，至乾道九年，建成了包含太平州福定、延福等一百余圩田，就是著名的大公圩。为加强圩田建设，宋朝政府令在各路任职的常平官对水利设施建设进行专门管理，对于熟悉陂塘、圩田建设的官员和个人委以重用，并鼓励百姓为开发农田献言献策。此外，对于在修建、保护圩田中贡献突出的官员，宋朝政府拟定了一套具体而详细的升迁和奖励制度，对于圩田的建设需要报经朝廷批准，经过水利相关部门核查方可建设，竣工后对于相关人员论功行赏。蔡年世在做太平州③ 通判时，积极推动圩田的修筑，使当地的租米收入增加了近八万石，皇帝亲自下诏，称赞蔡年世"奉职恪公，绩效着见"，因此"进阶一等，以示荣宠"。④ 在两宋政府的倡导下，圩田在江南遍地开花，宣州的化成圩占地 880 顷，永丰圩 980 顷，万春圩更达到了 1280 顷。在修建万春圩时，得到了政府的鼎力支持，政府出粟三万斛，钱四万缗，募集当地百姓一万四千人，经过四十天才完工。

结构设计合理的圩田对于充分利用当地地理、气候、水文条件具有重大

① 杨万里. 诚斋集卷 32·圩丁词十解序［M］. 长春：吉林出版社，2005.

② 今安徽省宣州市。

③ 今安徽省当涂县。

④ 刘一止. 影印文渊阁四库全书·苕溪集卷 40［M］. 北京：商务印书馆，1986.

意义，可以抗旱防涝，并有利于将大量河湖周边闲置的滩涂改造成良田，大幅提高了农作物的产量。杨万里诗中提到："圩田岁岁续逢秋，圩户家家不识愁。"① 王祯更盛赞圩田"实近古之上法，将来之永利，富国富民，无越于此。"② 毋庸置疑，因地制宜对于圩田的合理利用对于减轻人口压力、提高粮食产量作用显著，也实现了土地资源的开发和养护。然而，不符合自然规律修建的圩田对土地资源甚至当地的生态产生的影响是极其恶劣的。一方面来说，不合理修筑的圩田破坏了当地的水文地理环境，许多圩田修筑在河流要害之处，且田面低于水面，稍有不慎，不仅引起内涝、冲毁良田，更会导致河流改道，造成"水不得停蓄，旱不得留驻"的问题。例如，宋徽宗时期所修建的政和圩就曾挡住了山洪的倾泻去处，使得周边圩田被冲毁；永丰圩从1115 年开始围湖造田，在随后的五十年中截断了水势，给水流的排泄造成了巨大困难……顾炎武就指出了宋代圩田的弊端，他认为"宋以后围湖占江，而东南水利亦塞。"③ 娄钥亦指出："圩田多势家所据，使水无所潴，复无所泄。"④ 娄钥的这个论断引起了圩田为害的另一个方面，即豪绅势家肆意修筑私圩，以邻为壑，对于周边的其他圩田和圩外闲散的土地资源造成了巨大威胁。宣城童家圩即"政和间有贵要之家请佃将此湖围成田"，后"横截水势，不容通泄，圩为害非细。"淮西总管张荣也以承佃为名，在绍兴间再筑为圩，"自后每遇水涨，诸圩被害。"⑤ 由于大量私圩在修建之前均未进行科学的设计，因而一旦决堤，必将受到自然的惩罚，祸及周边的圩田以及小农的土地，对于土地资源造成了极大的破坏，更对当地的水文环境造成了近乎不可逆的恶劣影响。这是私有产权带来的负面影响，由于土地产权被明确界定，所以圩田所有者只对自己所有的土地负责，仅仅关心如何维护自有圩田的使用、收益权，不惜以邻为壑、以牺牲他人利益为代价，这反映了规模有限的私有产权所具有的机会主义和负外部性，也反映了生产力的社会化发展同生产关系私有制之间的矛盾，要解决这个矛盾，必须依赖强有力的国家力量发挥规模经济的作用。

① 杨万里. 诚斋集卷 32·圩丁词十解序 [M]. 长春：吉林出版社，2005.
② 王毓瑚. 王祯农书卷 11·田制篇 [M]. 北京：农业出版社，1981.
③ 顾炎武. 日知录卷 10·治地 [M]. 上海：上海古籍出版社，2012.
④ 娄钥. 影印文渊阁四库全书·攻瑰集卷 89 [M]. 北京：商务印书馆，1986.
⑤ 徐松（辑）. 宋会要辑稿·食货 1 [M]. 北京：中华书局，2014.

2.2 元代的土地资源政策

元朝由蒙古人建立，其逐水草而居的游牧属性导致其在土地利用上与两宋及明清有着显著差异。由于在历史上元朝存续时间较短，因而对其土地资源政策不做赘述，其土地资源政策的重点在于解决草原文明和农耕文明碰撞带来的土地资源利用方式问题。

蒙古族自古逐水草而居，"鞑人地饶水草，宜羊马，其为生涯止是饮马乳以塞饥渴"①，这是对于蒙古族世代生存的环境和土地资源利用的生动写照。随着成吉思汗大刀阔斧的扩张活动，结束了宋以来少数民族割据的局面，统一了中国，建立了空前庞大的中华版图，草原文明与农耕文明相遇了。元朝建立之初，蒙古贵族就对农业生产嗤之以鼻，在土地资源的利用上的表现，则反映为（耕地）"亦无所用，不若尽去之，使草木畅茂，以为牧地。"②这种思想在蒙古贵族中流传甚广，甚至连重视农业生产的元世祖面对不了解的农业生产也手足无措，甚至萌生了"尽徙兴和桃山数十村之民，以其地为昔宝赤牧地"③的想法。伴随着蒙古族在中原战争的节节胜利，蒙古族以胜利者的姿态，开始了大规模的圈地运动。在陕西，安西王夺良田十万顷，尽数作为牧场；在山东，蒙古人以牧马为名义，占取良田 2000 余顷；在滨州，蒙古贵族纵容士兵抢占耕地，放任牛马毁坏庄稼，以桑枣果木为食，对于农业生产造成了极大的破坏。

面对这样的局面，元世祖忽必烈充分意识到在一统中国后，农业生产代替牧业是恢复国家经济、稳定政权的必然趋势，对于农业生产的重要性，忽必烈指出："司农非细事，朕深谕此。"④在即位之初，忽必烈就指出以农桑为本的发展战略，这是游牧民族入主农业区后对于落后生产方式的摒弃。为促进农业发展，忽必烈设立劝农官及劝农机构，鼓励地方官员积极招徕流亡百姓、开垦荒地，这些举措与北宋之初一般无二。相应地就土地资源的利用而言，元朝政府禁止贵族侵占农业用地作为牧场，对于前文所提到贵族圈地的恶行，元朝政府多次下令其将圈占的土地归还农民。中统二年，元世祖下令

---

① 赵珙.蒙鞑备录·粮食条［M］.
② 元文类卷 57·中书令耶律公神道碑。
③ 宋濂.元史·阿沙不花传［M］.北京：中华书局，2016.
④ 宋濂.元史·世祖记［M］.北京：中华书局，2016.

"敕怀、孟牧地，听民耕垦"，"凉楼侯农隙，牧地分给农之无田者。"①次年进一步强调退牧还地的指令，严厉禁止蒙古军人继续圈占耕地的行为，在政府的敦促下，有名的蒙古将领也速答儿归还了在益都占领的土地。截止至至元十年，元军在山东临邑圈占的土地已经尽数归还百姓，至元二十八年，安西王在关中夺取的土地也被"按图籍以正之。"②在元朝政府强烈的劝导和严厉的措施下，大批土地重新回归到农民手中，对于农业和经济的恢复产生了一定效果。

然而在游牧民族的传统中，伴随着战争的胜利侵占土地是其因循的传统，且从游牧向务农生产方式的转变需要时间，这在一定程度上来看是一种制度的惯性。尽管农耕文明同草原文明相比是更加成熟、先进的生产方式，但在制度变迁中存在着路径依赖，这种路径依赖通常由技术创新、创新成本等因素产生。然而在这个例子中，从游牧方式向农耕方式的转变并不需要技术创新和创新成本，导致制度变迁难以实现的主要方式是意识形态的影响。由于长期过着逐水草而居的游牧生活，蒙古贵族很难在短期适应农耕文化和相应的生活方式，这就使得政策在推行时受到阻碍，这在客观上就大大增加了制度变迁的成本，减缓了制度变迁的速度。因而蒙古贵族侵占良田作为牧场的行为屡禁不止，直至元朝灭亡也并未绝迹，元朝统治者大量夺取民田作为屯田、职田的事例也屡见不鲜。至元二十五年，元政府欲夺民之田以为屯田，遭到汉大臣董文的反对，董文因此遭到排挤被调任翰林学士。英宗时期，宣政院以夺宋太祖吴皇后汤沐田为理由，强占民田十万亩为官田。更有甚者，将民田作为无主土地进献给元政府，以此邀功懋进，高额的田租赋税使得尚未从战争中恢复的经济雪上加霜，这也是元朝灭亡的最主要原因之一。

从政策对于环境尤其是土地资源的影响来看，虽然元朝政府采取的各种劝农措施取得了一定成效，使农业生产有一定的恢复和发展，但对于土地利用和农业生产的程度远非两宋时期可比，客观上讲给予了土地资源恢复和休养生息的时间。作为逐水草而居、靠天吃饭的游牧民族，蒙古族有着原始的生态保护意识，这在蒙古族第一部成文法典《大札撒》的法令中有着清晰的反映。《大札撒》严厉禁止各种破坏草原生态的行为，例如其中规定"禁才生

---

① 宋濂. 元史·世祖记 [M]. 北京：中华书局，2016.
② 宋濂. 元史·郑制宜传 [M]. 北京：中华书局，2016.

而镬地。"①指的是在初春到秋末草木繁茂的时期禁止挖掘牧草。《黑鞑事略》②更有记载道:"遗火而炙草者,诛其家。"对于由于火灾导致草场被烧的情况,罪责波及全家,甚至会被处以极刑,这是《大札撒》中最为严厉的刑罚。此外,蒙古人还非常重视对于水资源以及动植物资源的保护,因而蒙古族传统的游牧方式符合自然规律、是人与自然和谐相处的方式。当蒙古族入主中原,与农耕文明产生了强烈冲击,对于农耕文明的适应并非一朝一夕,客观上促进了土地资源的保护。由于战乱荒芜、无人耕种的土地对于被强占改为牧场的农田,以及由于战争荒芜、无人耕种的土地,虽然短期来看农业生产受到了影响,造成了巨大损失,但长期来这些土地看得以休养生息、积蓄肥力,有利于随后的开发和利用。此外,一些地表环境脆弱、不适宜进行耕种的土地退耕还林,客观上促进了水土的保持和区域环境的改善。因而纵观元朝近百年的历史,是衔接两宋及明清,土地资源得以修养和恢复的时期。

2.3 明清时期的土地资源政策

总体来看,明清时期的土地资源政策与前朝政策一脉相承。自两宋以来,已经形成了相对完善的精耕细作的作物种植技术,随后由于农业技术革新导致的农业发展成果寥寥,与此相对应,自两宋以来已开垦土地资源、尤其是耕地资源的利用方式稳定地延续了下来,因而明清时期的土地政策与前朝相比,显著的区别在于拓展土地的使用方式及对土地利用区域的扩大上。在经历两宋末期的战乱及元朝大规模的"退耕还牧"运动后,土地资源得到了休养生息,明清统治者在建立之初就采用了与前朝近乎如出一辙的劝农政策,③农业生产得到极大恢复并发展到新的高度。如前朝一般,明初统治者特别重视对于土地的开垦,明初,太祖朱元璋就下令:"临濠朕故乡也,田多未辟,土有遗力,宜令五郡民无田者往开垦。就以所种为己业,给赀粮、牛种,复三年。……又北方近城,地多不治,召民耕,人给十五亩,蔬地二亩,免租

---

① 《大札撒》。

② 《黑鞑事略》。

③ 在此忽略明清以来税收制度改革在劝农方面的作用。明朝所实行的"一条鞭法",以及清朝推行的"滋生人丁,永不加赋"等减税措施是明清区别于前朝最显著的劝农措施变革,极大程度减轻了农民的负担,提高了生产积极性。但由于并未引起重大技术革新,因而对于土地利用方式并未造成较大影响,因而在本文中不予赘述。

三年。有余力者，不限顷亩。"① 这样的鼓励开垦政策一直延续至清朝，乾隆五年，荒地下令新辟"零星土地免课"，鼓励对小片零星土地进行利用，然而在平原地带已经几乎找不到可供耕作的零星土地了。因而在本章节，笔者将对明清时期的土地政策的研究重点放在了已开发地区丘陵、山地的利用，以及边疆的开发上。除此之外，笔者还关注土地经营模式在这一时期发生的转变。

2.3.1 明清时期土地资源政策的制定背景

明清时期，由于人口的爆炸式增长，平原地区土地资源、尤其是耕地资源已经近乎无法得到进一步开发。更加严峻的形势是，如前面所提到的，自宋朝以来，并未出现划时代性的农业科技进步，导致农作物的亩产增量十分有限；而人口的持续增加使得耕地的边际效益持续下降。与此同时，明清时期玉米、番薯等作物的引进极大拓展了农业生产的地理边界，这是明清时期土地资源政策制定的主要背景。

首先，明清时期传统农业区可开垦的耕地资源与前代相比数量急剧减少，如前文提到的，截至清中叶，平原地区已经没有零星土地可开发，乾隆五年贵州布政使陈德荣奏请乾隆皇帝："山土宜行垦辟，增种杂粮，或招佃共垦。"② 此提议得到了总督张广泗的赞同。需要注意的是，明清时期皇帝的开发在地理空间布局上并不是均衡发展的。具体来说，传统农耕区域（核心农耕区）的耕地数量增加较少，而西北、西南、东北等边陲和经济不发达区域的耕地数量则增量明显。参考史志宏的划分方式，将清代的中国划为北方六省、东南六省、中部两省和西南四省以及蒙古、新疆、东北七个地区③，各地区在清代的耕地数量变化如表所示：

---

① 《续通考》卷2。
② 《清高宗实录》卷130。
③ 北方六省包括直隶、河南、山东、陕西、陕西、甘肃，东南六省包括安徽、江苏、浙江、福建、广东，中部两省包括湖南、湖北，西南四省包括四川、云南、广西、贵州。具体划分原因详见史志宏的《清代农业的发展与不发展 1611–1911》，P132.

表 2.1　清代各时期分区耕地面积

单位：百万清亩

省区	1661 年	1685 年	1724 年	1766 年	1812 年	1850 年	1887 年	1911 年
全国总计	778.40	893.44	1082.35	1161.71	1277.63	1432.76	1507.58	1582.29
北方六省	387.79	470.03	554.28	568.06	606.76	643.07	654.48	686.84
东南六省	291.61	308.04	321.09	336.19	357.10	380.25	388.63	357.30
中部二省	61.67	65.70	86.66	96.79	108.45	121.42	115.96	118.00
西南四省	37.27	49.36	99.97	117.38	142.03	168.87	179.04	192.76
蒙古	——	——	——	13.56	22.60	45.20	51.65	58.11
新疆				3.71	6.19	12.37	20.92	21.65
东北	0.06	0.31	20.35	26.02	34.50	61.58	96.90	147.63

资料来源：史志宏：《清代农业的发展和不发展（1661–1911）》，P132.

表 2.2　清代各时期分区耕地指数

1724 年 =10

省区	1661 年	1685 年	1724 年	1766 年	1812 年	1850 年	1887 年	1911 年
全国均值	71.9	82.5	100	107.3	118.0	132.4	139.3	146.2
北方六省	70.0	84.8	100	102.5	109.5	116.0	118.1	123.9
东南六省	90.8	95.9	100	104.7	111.2	118.4	121.0	111.3
中部两省	71.2	75.8	100	111.7	125.1	140.1	133.8	136.2
西南四省	37.3	49.4	100	117.4	142.1	167.9	179.1	192.8
蒙古	——	——	——	100	166.7	333.3	380.9	428.5
新疆	——	——	——	100	166.8	333.4	563.9	583.6
东北	0.3	1.5	100	127.9	169.5	302.6	476.2	725.5

资料来源：史志宏：《清代农业的发展和不发展（1661–1911）》，P133.[①]

　　由上表数据显示，在雍正（1723 年即位）之前，清代经济处于恢复阶段，各地区的耕地数量普遍有所增加，仅从顺治十八年（1661 年）至雍正二年（1724）年，全国耕地总量就增加了近 30%。北方和中部各省在经历了明末清初的战乱之后，耕地的增加指数和全国整体水平相当；东南各省受战争影响

---

① 　根据资料来源备注，表 2.x 耕地指数的计算以 1724 年（雍正二年）=100 为参照计算，因蒙古、新疆该年份数据缺失，改以 1766 年的耕地数为 100.

较小，因此耕地指数并无明显变化；西南各省则由于战后外省移民的大量迁入，耕地指数大幅提高 60%。可以看出，截止至雍正时期，传统农业区可增加的耕地面积已经非常有限，随后的耕地开发逐步向人迹罕至、地广人稀的边疆地区扩展。由于从前的开发程度低，东北、西北的边疆地区耕地指数成倍增加，东北增加了超过 6 倍，新疆近 5 倍，蒙古也增加了 3 倍有余。

其次，明清以来传统作物的单位产量与宋代相比并无大幅提升。根据漆侠的估算，以江浙地区为例，宋仁宗时亩产约两三石，北宋晚期到南宋初期约为三、四石，南宋中后期约五、六石，而"南方亩产量普遍高于北方"，"南方水田一亩相当于北方旱地三亩"①。与此可以简要估计至宋朝末年，粮食的亩产量约为 2 石 / 亩（约 294 市斤 / 市亩）。而根据吴慧的测算，宋朝粮食平均亩产量约为 209 市斤 / 市亩，见表 2.3。

表 2.3　中国历代粮食平均亩产量

单位：市斤 / 市亩

朝代	亩产	朝代	亩产	朝代	亩产
战国中晚期	216	北朝	257.6	元	338
秦汉	264	唐	334	明	346
东晋南朝	257	宋	309	清	367

资料来源：吴慧：《中国历代粮食亩产研究》，P194.

可以看出在唐宋以来，粮食的亩产就保持在一个相对稳定的数值区间。毫无疑问清代中前期的粮食的亩产量达到了历史最高值，然而根据吴慧的判断，明清的粮食亩产提高是由于稻田复种指数的增加和番薯、玉米等高产作物的引进。但这种亩产的提高，同近现代以来以化肥、农药的使用及科学育种所带来的产量提升相比显得微不足道。表 2.4 估计了清代不同时间点的粮食总产量和平均亩产。

表 2.4　清代各时期的粮食总产量估计

年份	平均亩产量（石 / 亩）	粮食生产用地面积（亿亩）	粮食总产量（亿石）
顺治十八年（1661）	1.70	7.16	12.2
康熙二十四年（1685）	1.75	8.22	14.4

① 漆侠 . 宋代经济史（上）[M]. 上海：上海人民出版社，1987：137.

年份	平均亩产量（石/亩）	粮食生产用地面积（亿亩）	粮食总产量（亿石）
雍正二年（1724）	1.85	9.95	18.4
乾隆三十一年（1766）	2.00	10.46	20.9
嘉庆十七年（1812）	2.10	11.12	23.4
道光三十年（1850）	2.10	12.47	26.2
光绪十三年（1887）	2.00	12.82	25.6
宣统三年（1911）	1.90	13.45	25.6

资料来源：史志宏：《清代农业的发展和不发展（1661–1911）》，P80.

可以看出，自清初到清中后期，粮食的平均亩产量处于持续上升的阶段，这主要有赖于持续增加的人口带来的源源不断的劳动力。自 1661 年至 1812 年，粮食的平均亩产量由 1.85 石/亩增加至 2.1 石/亩，人均耕地面积则由 5.98 亩锐减至 3.21 亩，人口的迅速增长使得劳动力相对于耕地资源而言出现了严重的过剩情况，这使得精耕细作的生产方式在 1850 年前后达到了顶峰，在这一时期，在有限的耕地资源上投入更多的劳动力增加了平均亩产量，说明劳动力资源的投入仍然具有一定的劳动生产率——尽管是非常低的水平。而自 1812 年至 1850 年这近 40 年，粮食的亩产量维持在了不变的水平，此时可以看作是刘易斯"二元经济"发展模式的第一阶段，在这一时期，持续增加的劳动力已经不能带来任何的边际生产率，面临严重的劳动力过剩问题。而在 1850 年之后，耕地面积虽然仍然有所增加，但平均亩产量反而降低了，总产量较 1850 年前后也有一定程度的下降。图 2.1 估计了清代各时期的劳动生产率，可以看出，总体上来说清代中后期开始的各项农业劳动生产率指标均呈现出下降趋势，印证了在当时的技术水平下，清代的粮食亩产已到顶峰的论断。

由以上两个背景可以得知，在明清以来尤其是清雍正时期开始，在传统农业区、尤其是传统农业区的平原地区可供开垦的土地资源已经非常有限。而从平均亩产来看，根据吴慧的论断，明清时期粮食亩产的提高主要归功于稻田复种指数增加和玉米、番薯等高产作物的引入。[①] 如果剔除高产作物引入所带来的影响（即在传统农业区不种植新作物），那么传统作物的平均产量较

---

① 吴慧.中国历代粮食亩产研究［M］.北京：中国农业出版社，1985.

宋代以来的增长十分有限，已有的耕地潜力可以说已被挖掘殆尽。因此传统农业区的耕地数量和粮食亩产均无法增加的前提下，必须将土地资源的利用拓展到更大的地理范围和更深的利用层次，这是明清时期土地资源政策制定的最主要背景。

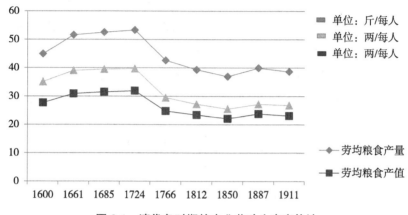

图 2.1 清代各时期的农业劳动生产率估计

资料来源：史志宏：《清代农业的发展和不发展（1661 年 –1911 年）》，P142.

除以上两个主要背景外，玉米、番薯的引入为明清时期的土地资源开发带来了新的契机。十六世纪中期左右，随着地理大发现和航海业的进步，玉米、番薯被传入中国。与传统的旱地作物小麦、黍、粟相比，玉米对于生存环境的要求较为宽松，具有较强的环境适应性，相比水稻、小麦等作物耐旱性也较强，这使得玉米迅速在全国大部分地区被推广开来广泛种植。随着人地矛盾的不断加剧，山区土地资源的利用越来越受到重视。在土壤较为肥沃、温度适宜的浅山、平地中，农民往往选择种植小麦这样对环境要求苛刻的作物。而在不适宜种植传统作物的低山和丘陵，则广泛种植玉米。此外，玉米的种植还可成插花式零星分布在其他作物的种植区内，进一步提高了土地的利用效率。与玉米相比，番薯除具有适应性强的特点外，还具有高产的优势，这进一步提高了对于不适宜传统作物生长的土地资源的利用程度，作为技术创新要素推动了明清时期土地资源政策变迁。

2.3.2 明清时期丘陵、山地等土地资源的开发政策

明清时期，由于人口的爆炸式增长，平原地区土地资源、尤其是耕地资源已经近乎无法得到进一步开发。如前文提到的，截至清中叶，平原地区已

经没有零星土地可开发，乾隆五年贵州布政使陈德荣奏请乾隆皇帝："山土宜行垦辟，增种杂粮，或招佃共垦。"[1] 此提议得到了总督张广泗的赞同。然而允许甚至鼓励百姓进山开垦荒地的建议与清政府对山林的利用政策存在着矛盾，这种矛盾是清政府对于山地、丘陵等地区土地资源开发政策的一大特征。

纵观中国历史，山林湖泊的所有权一直为政府所掌握。早期的封建王朝非常重视对山林的保护，设立专门的机构和官员对山林进行经营，随后的朝代对于丘陵、山地的管控越来越薄弱，然而从名义上依然保持着国家对于山林的所有权，直到明清时期，政府也依然选择在一些地区封禁山林。究其原因，或出于对皇陵和大臣墓园的保护，或出于对五岳及其他名山景观的保存，更是出于对治安的考虑[2]。然而在这一历史时期，政府对于山林的保护已经非常薄弱，赵冈指出："明清中央政府无主管官署，归地方政府管理。另在公布之下设易县山场。"[3] 事实上，明清时期国家尽管制定了山林管理政策，但国有山林几乎完全对民众开放，所谓对山地、丘陵的管理和政策的执行事实上收效甚微。

明清之前，对于丘陵、山地也有一定程度的开发，由于战乱等原因，走投无路的农民被迫向山区发展。然而丘陵、山区往往地势险峻、土壤贫瘠，开发土地资源并不具有太大经济价值，且由于无法保持水土，土地的地力损耗极快，因而在山区开荒并不具有优势。明清时期，玉米的引入成为技术革新的关键因素，彻底改变了山区开发的局面。传统作物对于土地的要求严苛，且大多不能适应较为寒冷的山地气候，因而高产、耐寒耐旱、且能在砂砾等贫瘠土壤生存的玉米传入中国后，对于丘陵、山地的土地资源进行耕种成为可能。与此同时，政府基于对农业生产和社会经济的考虑，对开荒进行了支持和鼓励，乾隆皇帝更直接突破了山林归国家所有的限制，下令"山头地角宜种树者挺垦，免其升科"[4]，以免税为手段招徕农民进山开荒。在这样的情况下，数以百万计的流民涌入巴山、南山等山区成为棚民（寮民），对于山区的土地资源甚至整个生态环境造成了毁灭性的破坏。铜塘山[5]解除禁令不久，就

---

[1] 《清高宗实录》卷130。

[2] 出于治安考虑封山主要包括江西、浙江、河南等山区，明朝矿工叶总在山区聚众作乱、棚民邱仰寰在山区叛乱等行为都导致国对于山区的封禁。

[3] 赵冈.中国历史上生态环境之变迁 [M].北京：中国环境科学出版社，1996：20.

[4] 《清高宗实录》卷130。

[5] 今江西上饶铜钹山。

已是"高皋处所，所种茶树、山薯、杂粮等物，低洼之地尽属稻田。"① 赵冈
在《中国历史上生态环境之变迁》一书中提到："从周至县境内的秦岭山区，
西南到洋县，约 300 千米的深山，每年都有数万人入山垦种玉米或伐木。秦
岭东段的华阴地区大都变成土山；陇山附近出现一座一座的濯濯童山；云盘
山的森林荡然无存；大同已被在明代尚残存的林区，至此也破坏无遗。"② 这
些经过开垦的山间荒地本身极为脆弱，由于黄土本身结构松散，在缺乏森林
植被保护的情况下极易造成水土流失，山区陡峭的地势加剧了这一问题，耗
费巨大人力和心血开垦的土地资源也无法得以保存。

　　人们很快认识到了在山区、丘陵垦荒所导致的破坏性影响，对于如何利
用山区的土地资源进行了探索和修正，在长期与山争地的斗争中，一些地区
的人民逐渐掌握了自然规律，寻找到了对于山地资源较为良性的利用方式。
与粮食作物相比，一些适宜经济作物的种植有利于在增加农民收入的同时维
持土地资源的存续和可持续发展，较生态环境的破坏远远低于农作物的种植。
浙江严州③ "惟陆耕是力，为蚕桑是务，惟蒸茶割漆是利。"④ 福建永福"皆
山田……漳、泉、延、汀之氓种畲栽菁，伐山采木，其利乃倍于田。"⑤ 龙溪
"惟种蔗及烟草，其获利倍，故多夺五谷之地。"⑥ 此外，在安徽、福建两省，
当地政府还对于私有林场的经营给与了支持，据载："开地田少，民间惟栽杉
木为生，三四十年一伐，谓之拼山。"⑦ 由于私人林场的所有者享有了林地的
使用权和所产林木的处置权，因而对于山地资源爱护备至，造林的成活率极
高，客观上对于山地资源的保护和整个地区的生态恢复产生了巨大的作用。

2.3.3 明清时期的边疆土地开发政策

　　由于人口激增，已开发地区可利用的平原地区耕地甚至山区资源已经开
发殆尽，人口和资源在这些地区已经出现了不可调和的矛盾，在巨大的人口
压力之下，人们被迫选择向地广人稀的边疆地区进行迁移。明清时期，不论

① 《上饶县志》。
② 赵冈.中国历史上生态环境之变迁［M］.北京：中国环境科学出版社，1996：36.
③ 今浙江省桐庐、淳安、建德一带。
④ 郭起元《介石堂集》卷八《上大中丞周夫子书》。
⑤ 《永福县志》卷 1《风俗》。
⑥ 《龙溪县志》卷 10《风俗》。
⑦ 傅衣凌.明清社会经济史论文集［M］.北京：人民出版社，1992：208.

是西北的沙漠地区、东北的林区、西南的闽粤赣山区都进行了大规模的开发，在清中叶人口数量剧增之后这样的趋势越来越明显。

东北地区从气候、地形和土壤来说都是最适宜农耕文明拓展的边疆区域。截止至明朝初年，东北地区的农耕文明仍然非常落后。《明太祖实录》中有记载，东北地区土旷人稀，且从生产方式来讲，仍"以猎为业，农作次之。"[①] 为巩固边防，也为拓展新的农业产区，明朝政府积极推动对东北地区的开发，将大批充军流人发配至东北地区进行屯田建设。此外明政府颁布政令，"徙江淮齐鲁之民居之"，[②] 鼓励江淮齐鲁之地的百姓赴东北开荒。在政府强制和鼓励的双重影响下，数量可观的关内人口涌向关外，将先进的农耕技术带入东北，在关内移民的影响下，东北原著居民的农耕程度也得到了加深，使得东北的农业生产有了较大程度的发展，土地利用方式向农业用地转变，洪武四年，已有"辽东皆沃壤"的记载。到明朝末年，东北地区的农业用地开发已经初具规模

清朝是东北地区土地资源得到大规模开发的时期，清朝对于东北土地资源开发的政策存在着一定的矛盾性。一方面，东北地区是满族的发源地。为保证清朝对东北的开发，清政府禁止其他人对其"祖宗肇基兴王之所"的"龙兴之地"进行开垦，这样的政策几乎贯穿了整个清朝时期。顺治帝统治时期，曾下令在辽东边境"修浚边濠，沿壕植柳"，[③] 以防范关内百姓进入东北垦荒。此外，还在山海关、奉天等地专设稽查司对越关百姓进行阻止。另一方面，面对严峻的人口压力和人地矛盾，清朝统治者对于百姓进入东北垦荒采取默许甚至支持的态度。康熙二十三年有谕："今见山东人民逃亡京畿近地及边外各处为非者多，皆有地方势豪占民田产，无所倚藉，乃至如此。"[④] 对于逃离故土进入东北开荒的行为，康熙皇帝予以理解和同情。康熙十八年曾颁布政令："奉天所属……新满洲迁来，若播种豆地，每垧给豆种一金斗……旗人民人，无力开垦荒甸，又复霸占者，严查治罪。"[⑤] 事实上，这条政令给与了当时人们同等的开垦东北边疆土地的权利，并对于垦荒行为进行了发放

---

① 《明太祖实录》卷 145，这里的"东北"指的是明朝政府统治下的建州。
② 《全辽志》卷 4《风俗》。
③ 《奉天通志》卷 78。
④ 《圣祖仁皇帝圣训》卷 44。
⑤ 《清圣祖实录》卷 250。

粮种的支持，因而大批来自山东、山西、河南、河北的关内之民涌入东北进行开荒，垦荒面积急剧增加。根据吴存浩考证，"奉天旗地，顺治年间仅有46万垧，康熙中叶增至116万垧，雍正时增至236万垧，乾隆中叶又增至289万垧。"[①]这侵犯了当地旗人的利益，于是在乾隆年间，陆续颁布多道流民返还令，强令在东北地区垦荒的关内百姓回乡，并于乾隆四十年规定"永行禁止流民，勿许入境。"[②]然而这种禁令并未取得是执行效果，仍有大批百姓从山海关、喜峰口等地出关谋生，清政府无力扭转流民出关的趋势，且迫于内地人口压力，自咸丰年间起，清政府被迫下令"续放各处荒地，则又按垧征纳大小地租。"[③]清末光绪时期，政府更直接取消了东北垦区禁令，自此出现了新一轮的东北垦荒高潮。关内汉民的迁入使得东北地区的土地资源得到了开发和更为有效的利用，且由于迁入的流民尚未超出环境的承载能力，因此，并未对东北地区的环境造成较大破坏。

对于西北地区，清朝政府采取与东北地区同样举棋不定的垦荒政策。清朝初年，以明长城为界，将边墙外五十里列为禁留地，禁止百姓出关垦殖。然而这样的政策收效甚微，清中叶关内早已人满为患，大批百姓自动流入边区进行农业生产，因而康熙时期允许对西北地区进行有限度的开垦，在乾隆时期则被严厉禁止，到清朝末年全面解禁，可以看出，这样的政策变迁与东北地区的开发如出一辙，然而西北地区独特的环境使得近乎相同的政策对土地资源和环境产生了截然不同的影响。

西北地区的土地类型多为荒漠和半荒漠，生态环境极其脆弱，大批流民涌入西北，将原来开垦的草场变为荒地，造成了严重的沙漠化危机。这是由于西北地区常年干旱少雨，土壤干燥、贫瘠且极易遭到风沙侵蚀，天然的野草植被是防风滞沙的屏障，由于其耐旱属性终年丛生，对于风沙的防护和土地的保护效果显著。经过开垦，草原变为耕地，为保证粮食产量，农作物不能密植，这使得作物之间存在大量的缝隙，很难对风沙起到阻滞的作用。且在当年秋季至次年春季的近半年时间内，耕地表面完全裸露，在并未科学建立防风林的情况下将草场变为耕地，必然导致沙漠的内移，将开垦的耕地尽数吞没，这样使用方式的错配是对土地资源极大的破坏，如今的乌兰布和、

---

① 吴存浩.中国农业史［M］.北京：警官教育出版社，1996：971.

② 《东华录》乾隆朝，卷84》。

③ 《东三省政略·财政》。

科尔沁等沙漠的形成均与明清时期垦殖所造成的土地资源不合理利用有关。

在西南边疆地区，明成祖时期，政府出兵平定了贵州思南、思州地区的叛乱，"分其地为八富四州，设贵州布政使司。"[1] 揭开了"改土归流"的序幕。此后，大规模的"改土归流"发生在清朝雍正年间，吴存浩在《中国农业史》中提到，"据不完全统计，雍正一朝，西南地区的土州、土府等土司被改流者达60多个，使被土司控制区实行了与内地相同的政权体制。"[2] 在改土归流实现后，政府下令将土司侵占的"所有地亩，定为水旱生熟四项，分给兵民科户及土人耕种。"[3] 使得当地的土地资源得到了极大的开发，金川地区在土司制度结束后"报垦几无隙地。"[4] 在云南、贵州交界的平越、安顺地区，"久荒之土，亩收数倍。"[5] 清朝政府在西南推行的鼓励垦荒政策还吸引了内地居民到西南开荒，"楚蜀黔粤之民，携挈妻孥，风餐露宿而来"，[6] 在云南"携眷依山傍寨，开挖荒土"，使得西南经济得到了一定程度的开发，也使得土地资源得到了更加充分的利用。

2.4 结语

在传统的农业社会，土地资源是最为重要的生产资料。纵观宋元明清时期的土地资源政策，尽管并未产生自环境保护和资源的可持续发展角度出发的土地资源利用与保护，但土地资源尤其是耕地资源同农业生产紧密结合，很多农业政策客观上讲都是土地资源政策，尤其在涉及农业技术革新和垦荒方面的政策，均与土地资源的利用、维护息息相关。自北宋至清朝，土地资源政策一脉相承，然而在不同的历史时期，土地资源政策的侧重点又各不相同，归根到底，是资源稀缺性的对比以及农业技术创新造成的结果。图2.2反映了中国历代耕地数量的增长状况。

---

[1] 南炳文.明史·贵州土司传［M］.上海：上海人民出版社，2014.

[2] 吴存浩.中国农业史［M］.北京：警官教育出版社，1996：974.

[3] 《清世宗实录》卷117。

[4] 《金川锁记》。

[5] 魏源.圣武记卷7·雍正西南夷改流记［M］.

[6] 《道光广南府志》。

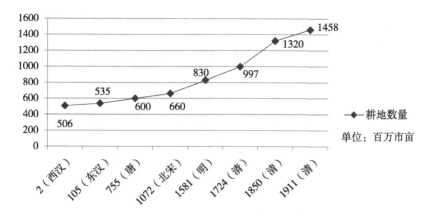

图 2.2　中国历代耕地数量的增长状况

单位：百万市亩

数据来源：史志宏：《清代农业的发展和不发展（1611 年–1911 年）》，P132.

可以看出，自北宋开始，中国的耕地数量的增速明显加快，这主要有赖于水旱轮作制度的发展和成熟，使得南方的广大地区得到了开发。新的轮作制度焕发了土地资源的活力，从前不能或不能充分利用的土地资源，在新的农业技术推广开来之后有了潜在的经济效益，移民和耕地面积的增长是不断发掘土地潜在效益的过程。明清时期耕地数量增加的进一步加速的一大原因是以玉米、番薯的引进为契机的，这些环境适应能力强的高产作物的引进，也可以看作一次新的技术创新，提供了第二次挖掘土地潜力的机遇。然而在清朝中晚期，耕地数量增长的速度明显放缓，则与清朝以来人口的爆炸式增长有着最为主要的关系，已有的耕地潜力在当时的技术水平下已近乎被挖掘殆尽，劳动力相对于土地要素相对价格的降低成为支配制度变迁的主要因素。

具体来看，中国历朝历代的统治者都高度重视劝农政策，然而两宋时期劝农政策的完备性和具体性超越了前代，且具有更强的可操作性。在宋代，明确将官员在劝课农桑中应尽的义务写进法律，除要求地方官吏对农业生产积极进行组织管理外，还敦促其加强对农业知识的学习，对于不能恪尽职守的官员进行了严厉惩罚。通过这种垂直管理的方式，有效减少了委托—代理问题，提高了管理效率，客观上促进了两宋时期农业的发展。在两宋时期，中国的农业地理格局已经初步形成，南稻北麦的基本格局适应了气候和自然条件，是对土地资源的合理利用。此外，人们在长期的农业生产中摸索出适合的作物种植制度，通过轮作、休耕、灌溉、施肥等方式，使地力得到了持久的维护和发展。总体来说，两宋时期精耕细作的农业生产模式基本形成，在耕地的利用上顺应了自然规律，对于土地资源尤其是耕地资源的养护起到了积极作用。与此同时，生产方式的基本形成和农业地理格局的初步确定也使得要素相对价格趋于稳定，形成了较为完善的制度范本。

游牧民族统治的元朝，由于存续时间较短，尚未完全实现从游牧文明向农耕文明的过渡。蒙古贵族强占农田作为牧场的行为虽屡屡遭到禁止，却难以根绝，使得因战争凋敝的农业未能得到充分恢复，大量土地荒芜、闲置，造成了巨大的损失，但客观上为土地资源提供了休养生息的机会。

明清时期，以人口增长为主因、以红薯、玉米等作物传入为条件，这无疑可以看作是新的一轮技术创新，由此掀起了开垦荒地的热潮，也带来了明清政府垦荒和土地政策的不断调整。在这一时期，大批无地的流民涌入已开发地区的丘陵、山区，以及东北、西北的边疆地区，以刀耕火种的原始方式对这些地区的资源和环境产生了破坏性的影响，这与政府的初衷大相径庭，尤其是清代。清朝初年，为保护"龙兴之地"的东北地区，清朝统治者修建"柳条边"对东北边关进行封禁，西北边关也厉行相同的政策，然而因天灾人祸、地主豪强掠夺和人口压力失去土地的农民大批向东北、西北地区迁移。清朝政府遂屡屡颁布政令予以禁止，但收效甚微，甚至连对于封禁最为严厉的乾隆皇帝，也不得不囿于关内人口的压力做出妥协，"再寄密信山海关等各隘口，该管大臣官员并奉天将军，令其稍为变通，查明系穷民，即行放出，不必过于盘诘。"①到清朝末期，封禁法令已经难以维持，全面宣布解禁。可以看出，尽管开垦边疆并非清朝统治者本意，但人口膨胀所导致的人地矛盾如此强烈，使得封禁政策在浩浩荡荡涌入边疆开荒的趋势中更显苍白无力，甚至只能适应形势做出妥协。不论是关内的丘陵、山地，或是关外的草原、荒漠，生态环境都极其脆弱，对原有植被的破坏造成了严重的影响，新垦的耕地受水土流失和风沙影响很难维持，是对土地资源利用的极大错配，小农经济的掠夺式发展方式加剧了对于土地资源和环境的破坏，这体现了小规模的私有产权在具备高效率的同时，也兼备个人机会主义盛行、负外部性强的特征。尽管我们很难站在现代环保的角度上对其不顾长远发展的开荒行为进行批判。在生存面前环境保护是如此微不足道，使得政府也不得不做出妥协。在如今耕地资源愈加紧缺的情形下，如何以史为鉴、正确利用土地资源不能不引起我们的警示和深思。

---

① 《清高宗实录》。

第三章　宋元明清时期的水资源政策

在传统的农业社会，水资源是除土地资源外最受统治者关注的环境要素。水利设施的修建可以使灌溉更加便利，是培植地力、增强土地生产力的重要手段；对于河流的修浚有利于减少水旱灾害的发生，保护农业生产；从这两个意义上来看，与农业相关的水利资源的兴修是一种技术进步，伴随着水资源的合理利用，已有的土地资源生产率提高，使得土地资源的相对价格有所提升，这就为新一轮的土地政策变迁创造了条件。与此同时，当土地和水资源绑定，也使得水资源发挥了更有价值的作用，因此水资源的相对价格也有所提升，因此历朝统治者对于水资源管理、利用、保护政策的制定高度重视。对于水源的合理分配制度有利于节约有限的水资源、增加水资源的配置效率。除此之外，水资源政策与关系封建国家交通、经济、战略安全的漕运息息相关。广义的水资源是包括河川径流、地下水、积雪和冰山、湖泊水和海水等，狭义的水资源则专指人类可以直接利用的淡水资源。在中国传统的农业社会，对水资源的利用主要体现在农业灌溉、航运、生活用水和水能等方面，因而笔者将在文中提到的水资源定义为湖泊、河流及地下水为主的淡水资源。另外，考虑到虽然在这一时期存在一定数量的由于城市用水造成的水污染，但大体不超过自然的承载能力，可以在水循环中自净解决，未对生态造成较大影响，因而对于水污染相关的政策在本文中仅用较少篇幅简要探讨。

3.1 中国传统的水伦理

中国人自古就对于水资源的重要性给予了极大的关注，在长期与水共存以及对于水资源的开发、利用、保护过程中形成了一套独特的水伦理。中国历代关于水资源政策的制定，同中国传统的水伦理有着密不可分的关系。概括来说，中国古代的水伦理分为以下几个方面。

第一，水是万物之源。被儒家奉为经典、居六经之首的《周易》，将水看作自然万物存在最为基本、必要的条件。《说卦》有云："神也者，妙万物而为言者也。动万物者莫疾乎雷，挠万物者莫疾乎风，躁万物者莫乎火，说万物者莫说乎泽，润万物者莫润乎水，终万物始万物者莫盛乎艮。故水火相逮，雷风不相悖，山泽通气，然后能变化，既成万物也。"《说卦》中亦云："坎者，水也。正北方之卦也，劳卦也，万物之所归也。"[①]这是在中国古代科学技术极其落后的情况下，古人对于水在生态环境中重要性的最朴实的看法。孔子也将水看作万物之源，这样的论述在《尚书大传》中有着明确的记载，而在荀子看来，"地者，万物之本原，诸生之根菀也，美恶、贤不官、愚俊之所生也。水者，地之血气，如筋脉之通流者也。故曰：水，具材也。"[②] 在以"天人合一"为核心自然观的儒家学者来说，对于水在万物存在中的本源地位以及水的尊崇无疑在儒家的水伦理中占据着重要地位。而水在道家文化中有着比儒家更加崇高的地位："渊"是水的集合，道则是世间万物的起源。而在《道德经》中，"渊"几乎是"道"的同义词，那么某种意义上讲，水也可看作是道。《道德经》中，有诸多这样的描述，在第四章中更直接有"道冲，而用之有弗盈也。渊呵！似万物之宗"[③]的记载，道家将水看作万物之母，鼓励人们对水采取尊重、顺应的态度。佛教经典中亦不乏对于水的描述，佛教所宣扬的极乐世界，是一方无比庄严、清静、美好的净土，相传极乐国土内有七宝池，这个池是天然而非人造，故名七宝池。池内充满八定水，此水有温凉、洁净、甘美、轻柔等八种功效，有着难以言说的功能和妙用，可见佛家也将水作为极乐世界"极乐"的源泉。

　　第二，以水喻道，尊水敬水。纵览古代各家经典，以水喻道的例子俯拾皆是。人们将水的自然属性拟人化、人格化借指美好的品行，《道德经》载："上善若水，水善利万物而不争，处众人之所恶，故几于道。居善地，心善渊，与善仁，言善信，正善治，事善能，动善时。夫唯不争，故无尤。"[④]以水滋养万物却不与之相争的无私，甘于居众人厌恶之处的淡泊教化上善之人，引导他们以水为师，学习水的品格。孔子认为水天生具有美好的品德，在《说苑·杂言》的一则小故事中，孔子对子贡说道："夫水者，君子比德焉。遍予而无私，似德；所及者生，似仁；其流卑下句倨，皆循其理，似义；

---

① 杨天才，张善文译.周易［M］.北京：中华书局，2011：2.
② 戴望.管子校正，诸子集成，第五册［M］.北京：中华书局，1988：236.
③ 王弼.老子道德经注［M］.北京：中华书局，2011.
④ 王弼.老子道德经注［M］.北京：中华书局，2011.

浅者流行，深者不测，似智；其赴百仞之谷不疑，似勇；绵弱而微达，似察；受恶不让，似包蒙；不清以入，鲜洁以出，似善化；至量必平，似正；盈不求概，似度；其万折必东，似意。是以君子见大水观焉尔也。"① 指出君子要像水一样具有五种美好的品德，遇到水一定要观看已达到学习的目的。更有广为流传的唐太宗李世民时期以水喻政的故事，名臣魏徵将君民关系比作舟和水，《贞观政要》记载了这一故事，有云："君，舟也；人，水也。水能载舟，亦能覆舟。"② 这一比喻最早出现在《荀子》中。由于水具有最伟大、最值得歌颂的品德，因而中国人自古就有以水喻道、以水喻人、以水为师的传统，形成了传统独特的精神形态的水伦理。

第三，尊重自然规律，与水和谐相处。中国自古就是个水旱灾害频发的国家，由于缺乏对自然的科学认识和规律的探索，加上靠天吃饭的传统农业形式，使得人在自然灾害到来之时束手无策，人在自然强大的力量面前显得尤其渺小。然而人们从未停止过改造自然的探索，这样的例子在神话故事中屡见不鲜，不论是愚公移山、精卫填海还是后羿射日，无不体现了远古先民征服自然的决心。直至大禹治水，才开创了中国人利用自然规律寻求与水和谐相处的水伦理。与前人相比，禹在治水时综合考虑了山川、地形等自然条件，"左准绳，右规矩，载四时，已开九州岛、通九道、陂九泽、度九山"③，因势利导，总体采用"导"而非"堵"的方式，开创了尊重自然规律处理人与自然矛盾的先河，也开创了中国人倡导人与自然和谐关系的先河。曾皙说："莫春者，春服既成，冠者五六人，童子六七人，浴乎沂，风乎舞雩，咏而归。"④ 这样的人生追求收到了孔子的高度赞赏，体现了儒家对于人与自然和谐相处的倡导。

总体来说，中国传统的水伦理更多强调"与精神之德性教化的水伦理"，是一种"隐喻形态的水伦理"，其主要特征为"在人与水的纯一的亲近与互镜中反观并提升人之道德境界。"⑤ 中国传统的水伦理集中在将水的自然属性精神化、拟人化，提倡以水为师，学习水崇高的品格提升内在修养，或以水为

① 刘向. 说苑校正 [M]. 北京：中华书局，1987.
② 骈宇骞. 贞观政要 [M]. 北京：中华书局，2016.
③ 司马迁. 史记·夏本纪 [M]. 北京：中华书局，2011.
④ 杨伯峻. 论语译注 [M]. 北京：中华书局，2017.
⑤ 田海平. "水"的道德形态学论纲 [J]. 江海学刊，2012（04）：9.

喻，揭示做人、为政的道理。然而对于以对水的利用、开发、治理为主的应用伦理则处于从属的地位，孟子认识到水是关系民生的基础性资源，他指出："民非水火不生活，昏暮叩人之门户求水火，无弗与者，至足矣。"[①]可以看到孟子虽然看到了水在百姓生活中的基础性作用，但认识较为浅显。事实上，中国传统的水伦理在应用伦理的层面，普遍偏重将水作为生活、灌溉、航运的必须进行的利用和维护，对于水作为生态环境中的重要一环所发挥的生态作用则鲜有认识。可以说中国古代从未形成过以环境保护为目的之一的水伦理，这就决定了政府很少制定以水资源保护为目的的政策。然而鉴于水资源在农业生产、百姓生活以及航运等方面的重要地位，宋元明清时期不乏如何合理对河流、湖泊进行开发、利用和维护的政策，这间接对于水资源起到了保护作用，因而笔者将对这一历史时期水资源政策研究的重点放在水利政策方面。

3.2 宋朝的水资源政策

自春秋、战国时期以来，我国历朝历代统治者都对水资源的管理采取高度重视的态度，大力兴修水利工程，水利及水资源管理政策也愈加完善。至两宋时期，水资源的利用、管理、保护措施已经较为完善。总体来说，宋朝的水资源政策包括涉及水利兴修、用水条例在内的农业用水政策，以发展水产养殖为主的渔业用水政策，以及以防止水污染为主的保护政策。

3.2.1 宋朝的农业用水政策

早在西汉时期，我国就开始制定与水的利用与保护有关的政策，制订了中国历史上第一部与用水制度相关的法令，目的为"为用水之次立法，各得其所也。"[②]随后，水资源管理的政策法令在历朝历代都受到了高度重视，从水资源的所有权、用水次序、用水量等方面进行了规定，但这些制度大体来说是零散、不成体系的，直到唐朝时期才产生了真正意义上完善的水管理制度，《水部式》是中国历史上第一部"水法"，因循了自秦汉以来用水的"均

---

① 杨伯峻.孟子译注［M］.北京：中华书局，2010.

② 叶遇春.泾惠渠志［M］.西安：三秦出版社，1991.

平"原则，确立了灌溉优先的用水次序以及政府宏观管理为主的管理体系，此外对于水量测量、官员的权责等进行了全面的规范，形成了较为系统、完善的水资源管理政策，并成为后世制定水利政策的范本。宋元两朝均延续了唐代水管理的体例和基本制度，与唐代相比，宋朝关于水资源管理的记载更加描述，也推行了一系列法令以完善唐朝的制度。

与之前的朝代相比，宋代特别注重封建主义中央集权，对于各项事务的管理都采取政府宏观调控为主的方式，对于水资源的管理也不例外。严格来讲，整个封建社会时期中国并未形成完整的水管理体系，关于水资源管理的记载大多与农田管理联系起来，"农田"和"水利"密切相关，宋朝延续了这一特征，水资源政策主要集中在河流、湖泊的管理、水资源的利用和水利的兴修几个方面，是农业管理的一部分。

宋朝政府非常关注与农业生产关系密切的水资源管理与保护，对于水利的兴修尤其给予了特殊的重视。曾担任过三司度支判官的陈尧叟继承了晋朝傅玄有关农田水利的理论，他认为依靠陆田，则"悬命于天"；开垦水田，则"地力可尽"[①]，主张变陆田为水田，指出了水利在农业生产中的重要性。著名的士大夫陈亮文集中有"衣则成人，水则成田"[②]的描述，陈亮的朋友吕祖谦也曾在《朝散潘公墓志铭》中提道："婺（金华）田恃陂塘为命"[③]，足可见在宋朝人们对于水是农业命脉这一思想的认知。宋朝政府积极采纳了士大夫的建议，由中央政府派发的有关水利的诏令在整个宋代数见不鲜，农田水利的兴建也是衡量地方官员黜陟的重要指标。整个宋朝阶段，北方的水利事业以疏浚河道和兴修淤田[④]为主，南方则以修建圩田和海防为主。1069年，在王安石的倡导下，熙宁变法正式开始。熙宁变法时期颁布的《农田水利法》（亦称《农田利害条约》）积极推动了水利建设的进行。《农田水利法》关于水资源管理的主要内容有：第一，鼓励官员百姓对于水利的兴修献策献计，凡经官府核实确实有利并予以采纳的，对于献策者论功行赏。第二，各州县须对管辖范围内需要疏浚的河流、陂塘堤防一类的水利工程进行详细调查，绘制

---

① 马端临.文献通考卷七·田赋考·屯田［M］.北京：中华书局，2011.
② 陈亮.龙川文集［M］.浙江杭州：浙江古籍出版社，2004.
③ 吕祖谦.唐宋编·东莱吕太史文集卷一［M］.北京：国家图书馆出版社，2006.
④ 淤田，是一种中国古代常用的增加土地肥力、改良土壤的方式，通常将浑浊的河水引入农田进行灌溉，利用喝水中富含有机质的淤泥改良贫瘠的土壤，增加土壤肥力。

成图，将建设的具体方案呈报上级政府。第三，为保证各项水利工程的正常建设，规定所有居民按户出工出料，违者进行科罚；对于修建过程中出现的资金不足问题，允许向官府贷青苗钱，政府对于私人出资兴修水利的行为也进行了奖励。

　　宋朝的用水政策延续了一贯的"均平"原则，在水资源的所有权上，宋朝通过《农田水利约束》，强化了水资源的公有，即河流、湖泊等水资源所有权归国家所有，民众只享有水的使用权，兴修水利工程、进行河流疏浚必须经过官府允许。宋朝延续了《水部式》中关于用水的诸多范例，在用水次序上，采取灌溉优先，航运次之，水碓最后，皇家用水不再具有优先使用权。用水管理采取"申帖制"，百姓用水需要提前向官府申报，审批后方能开闸放水，即"凡浇田，皆仰预知田亩。"① 宋代还延续了《水部式》中对于分水技术措施的使用，规定在各个大渠内安装斗门。此外，从《水部式》开始，政府倡导民众节约用水的意识愈加强烈，从放水时间、沿岸作物品种、管理人员的配备等方面均提出了具体要求。某种意义上讲，越来越详细的用水规定即体现了对于水资源的重视和节约，面临愈加严峻的水资源短缺问题，宋朝对于盗水、毁坏水利堤防的行为进行了严厉惩罚，对于此类行为的惩罚措施，宋朝延续了其一贯的"刑民不分"。《宋刑统》中规定："诸盗决堤防者，杖一百；其故决堤防者，徒三年。"②

3.2.2 宋朝的渔业用水政策

　　安史之乱之后，中国人口大量南迁，加速了中国南方尤其是江南地区的开发。与北方相比，江南地区气候潮湿、水网密布，天然具备水资源丰富的自然区位优势，因此渔业在淮水以南的南方地区、尤其是江南地区发展起来。与此同时，由于黄河改道和一系列人为的围田遭湖实践，重新塑造了雄、霸、保③ 等地的地貌，使得这些地区湖泊遍布，也为渔业的发展创造了自然条件。

　　从生产组织上来说，宋代的渔业生产主要以一家一户的家庭生产为基本单位，其中有世代以渔业为生的无地平民，他们以江为家，"每日与妻子棹

---

① 罗振玉. 鸣沙石室佚书正续编·水部式［M］. 北京：国家图书馆出版社，2004.
② 黄河志编纂委员会. 黄河志·河政卷［M］. 河南郑州：河南人民出版社，1994.
③ 今河北雄安、霸州、保定附近。

小舟，往来数里间，网罟所得，仅足以给食。"① 每日所获不足百钱，艰难度日。还有因自然灾祸而流离失所被迫以渔业为生者。北宋大中祥符年间，雄州、霸州有大量农民因黄河水冲毁农田而不能度日，很多人选择捕鱼为生，此外也有一些有地农民在农闲之余捕捉鱼、鳖、鳅、鳝补贴家用。在这样的背景下，北宋政府制定政策，下令地方官员将以家庭为单位的渔民组织成为渔业组织，罩弋、网罟等捕鱼工具的出现，也为由小规模的渔猎活动向有组织的规模生产转变创造了条件。由政府组织的渔业组织通常规模较大，约为四五百人左右。② 除政府组织的合作形式外，还存在以家族为单位或依附豪强的私人形式。总体来说，采用组织模式进行生产是一种提高生产效率的方式，有助于实现规模经济，也提高了个体防范风险的能力。

征收渔业税是两宋时期最典型的渔业政策。根据王战扬的推断，在宋朝之前，中国并未真正意义上大规模征收过渔业税，直至宋朝才正式开始对渔业课税。③ 宋太宗认为，从前可以用来经营渔业的湖泊都归政府管辖，这是与民争利的行为，因此下令"自今应池塘河湖鱼鸭之类任民采取，如经市货卖，即准旧例收税。"④ 对于渔民留作自家食用的部分，宋太祖下令不予收取渔业税，课税的对象是针对用于销售的部分。此后，渔业税的征收成了两宋一项重要的税收来源，至南宋时期，随着"积贫积弱"局面的加剧，政府的财政面临严重的困顿，一些地方官员的薪俸都有赖于渔业税的缴纳。尤其是在渔业发达的江南地区，渔业税成了地方财政的重要收入来源。根据诺斯的观点，国家的一大目标，就是以降低交易成本为方式实现社会福利的最大化，从而获得最大化的税收。渔业税的征收，意味着将发展渔业这种水资源利用方式受到了两宋政府的肯定，在河流、湖泊养殖、打捞鱼类作为水资源的一种具体的使用权益受到了政府的保护。出于鼓励渔业的发展、增加渔业税收的考虑，宋朝政府颁布了一系列渔业政策：首先，宋朝政府严禁地方豪强圈占河渠同渔民争利的行为；每逢灾年，还采取免收渔业税的举措，并允许"居民捕鱼种莲芡只给"⑤。这不仅促进了渔业的发展，更在客观上对当地的生态保护

---

① 洪迈.夷坚志卷9·嘉州江中镜［M］.北京：中华书局.
② 以队为基础单位，设队长为主要负责人，每队二十人；又令五队为一隅，每隅分设隅长，通常的渔业组织大概为四隅。
③ 王战扬.宋代河道管理研究［D］.开封：河南大学，2016.
④ 徐松.宋会要辑稿·食货［M］.北京：中华书局，2014.
⑤ 刘敞.公是集卷4·出城［［M］.北京：中华书局，1985.

产生了巨大影响。在第二章笔者提到了两宋时期南方地区广泛存在的圩田的修建，围湖造田也成了普遍现象。与此相比，种植水生作物、发展渔业是一种顺应自然规律的水资源利用方式，对于含蓄水源、防治河流拥堵、防范水旱灾害、维持地区生态系统平衡都具有重大的意义。其次，针对一些渔民以药毒鱼的情况，宋朝政府采取了严厉的措施进行惩罚。宋徽宗时期，对于毒鱼的行为，给予获利者杖刑一百的惩罚，如若发生因毒鱼导致有人饮用被毒药污染的水源而丧命的情况，获利者以杀人论处。[①] 这是一种间接对于水资源的保护。由于发展渔业对于清洁水体的要求较高，因此渔业的发展从客观上保护了当地的河流、湖泊资源，造就了"清濠环城四十里，蒹葭苍苍天接水"[②] 的良好生态环境。

3.2.3 宋朝的水污染防治政策

在农耕社会存续的数千年时间里，尽管水源污染时有发生，但在整个地理范围来看，水污染的波及范围和严重性远非工业世代可比。细分两宋时期水污染发生的原因，可以分为生活垃圾、手工业和意外事件的影响。

首先，在人口密集的城市、尤其是大城市，居民生活垃圾对于地下水和河流、湖泊均造成了一定程度的污染。宋代时期漕运发达，带动了沿线的经济发展，在运河沿线的城市迅速发展成了人口聚集区。沿河而居的百姓往往环保意识淡漠，将生活垃圾甚至粪溺投入河道，以致出现了"瓦砾粪壤，日填月壅，几与岸平"[③] 的局面，《宋史》中亦有对居民向河流排污污染水源、拥堵河流的记载。这些随意排放的生活垃圾不仅污染了地表的水资源，更在日积月累中污染了地下水资源。这些垃圾富含含氮有机物，能在一定条件下转化为硝酸盐融入地下水，长此以往使地下水变苦变咸。根据记载，至宋朝大中祥符年间，长安的"井泉大半咸苦，居民不堪食"。

为治理由于生活垃圾的排放所造成的水污染问题，宋朝政府采取了一系列的措施。首先，政府明令禁止居民随意倾倒垃圾，采取了严厉的处罚，同时禁止居民在河道中清洗衣物的行为。对于见到此类行为不予制止的官员，也采取了处罚政策："穿垣出污秽者，杖六十，出水者勿论。主司不禁与同

---

① 徐松. 宋会要辑稿·刑法 [M]. 北京：中华书局，2014.

② 刘颁. 彭城集卷8·观鱼 [M]. 北京：中华书局，1985.

③ 王之道.《相山集》点校卷23·和州重开新河记 [M]. 北京：国家图书馆出版社，2006.

罪。"宋朝政府还将稽查污染行为纳入对于地方官员的考核中，对于督促水污染治理成果显著的官员予以升迁的奖励。除制定法规、政令以及督促地方官员执行外，宋朝政府鼓励居民对于污染水源的行为进行举报。宋理宗年间，碶闸县①官员陈垲得到居民白札子的报告，说石勒河在四五十年间被两岸居住的居民严重污染，"污秽窒塞如沟渠，然水无所达，气息熏蒸，过者掩鼻。"②陈垲得到消息，遂带人治理。可以看出对于居民生活造成的水污染，宋朝采取制定法令、官员督导、百姓配合的举措。

　　宋朝时期第二个水污染的来源就是手工业的废水污染。丝织业、造纸业和金属冶炼业是宋代较为发达的手工业，这些产业在生产过程中或多或少都会产生废水，排入河流对水资源造成污染。例如，在京东路、河北路、浙江东西路都较为发达的织染行业，对于水资源的污染就有非常大的影响。宋代汴梁开设的绫锦院和染院是专供军用衣料生产的机构，大量绫罗绸缎和军用布匹的洗染严重污染了当时京师附近的河水。于是在咸平元年，宋真宗下令绫锦院停止锦绮的生产，改生产对于水资源污染较少的绢。大中祥符八年，宋朝政府还下令在水污染严重的流域设置了用来阻挡污染物的矮墙，并试图采用污水过滤程序对污水进行处理。③相较于织染业，造纸业的污染较小，但在纸张的反复洗漂中仍有一定污染，宋朝政府要求造纸业的选址必须在水资源充沛的地区，以减少对于水资源的污染程度。而针对铁、铜、金、银等金属冶炼造成的水污染，宋朝采用了造池冶炼的处理方法，对引入池中的河水进行过滤净化，以此减轻对周边流域的影响。

　　两宋时期水污染的最后一个因素是由战争、自然灾害等造成的流尸问题。1098年，河北滨（棣）等地发生严重的洪涝灾害，"人民孳畜没溺死者不可胜计。"④1191年，宁化县发生洪水死伤无数，浙西先旱后水，同样在湖州、常州等地淹死了大量百姓、牲畜。众多的尸体堆积在河岸或漂在水中，不仅对水资源造成了巨大污染，更有传播瘟疫的风险。与自然灾害相比，战争导致的浮尸数量更加庞大。靖康之乱后，战争致使"河岸倒尸无数，出城河中更

---

① 今浙江省象山县。
② 罗浚．宋元方志丛刊·（宝庆）四明志卷12·水［M］．北京：中华书局，1990．
③ 详见宋会要辑稿·职官29之7。
④ 徐松．宋会要辑稿·食货［M］．北京：中华书局，2014．

无水可饮，以水皆浮尸。"[①] 对于由于灾害、战争导致的大量浮尸污染水源问题，宋朝政府一方面"委官措置涝漉尸首如法埋瘗"[②]，一方面为不幸罹难的百姓举行各种祭祀仪式，减少流尸对于水资源和社会的影响。

宋代是我国历史上承上启下、由盛转衰的时期，这一时期商业发达，与此同时政府却面临着财政赤字的困窘境地，农业技术进步却天灾频发，加之宋朝自建立之初开始就频繁受到少数民族的骚扰，在这样的背景下，宋朝的水资源管理政策有着鲜明的特点。

3.2.4 宋朝水资源政策的特点

首先，宋朝的水资源管理严重依赖政府的宏观调控，水资源管理的机构重叠、人员冗杂。宋朝是中国专制主义中央集权制度大大加强的时期，总体来说，宋朝基本因循了唐代的政府机构设置。宋太祖赵匡胤吸取唐朝倚重权臣、地方节度使权力过大导致灭亡的教训，铲除了地方割据、武将拥兵自重的基础，为了加强中央集权，宋太祖大量增设官僚机构，形成了一套自上而下严密的官僚体系。以水资源政策为例，自中央到地方，宋朝政府均设立了机构进行管理，在对南方地区盛行的圩田的管理中，对于规模较大的官圩，政府派使臣直接管理该圩的管理事务，并设圩长专门负责具体水利事务。陂塘不论公私均设陂头、陂副，此外还另设数量不等的甲头、小工和水手，所有公职人员"各有岁劳口食钱。"[③] 这样的体制虽然大大调动了兴修水利的积极性，也造成了人浮于事、效率低下的问题。自上而下严密完整的官僚体系决定了宋朝时期的水资源管理主要由政府管理为主导，宋朝一官多制所造成的机构重叠、人员冗杂在水资源的管理中也有所体现。

从水管理的机构设置上来看，宋朝政府从中央到地方均设立了与水资源管理相关的机构。元丰三年，宋神宗针对职官制度发起了改革，俗称元丰改制。在此之前，宋朝在中央的水资源管理主要由三司负责。元丰改制之后，河流湖泊的管理利用、水利工程的修建、水灾的赈济水资源管理等职能由户部、工部、司农寺和都水监共同负责。作为中央最主要的农业管理机构，户

---

① 王明清.丛书集成初编·玉照新志卷4 [M].北京：中华书局，1985.
② 徐松.宋会要辑稿·瑞异 [M].北京：中华书局，2014.
③ 汪大经.兴化府莆田县志卷二舆地志·水利·陂塘[M].

部"掌天下人户、土地、钱谷之政令,贡赋、征役之事"①,水利的勘测隶属左曹农田案,水利的兴修则是右曹常平案的职能。工部下属的水部司是管理水资源的专门机构,水部司的职能主要包括沟洫、漕运、舟楫、津梁、水硙等事务的运营。在具体事物的划分上,很多事务的管理均有重叠,权责不清容易造成各部门间的相互推诿,不仅降低了办事效率,更加大了政府失灵的可能性。宋朝的地方水资源管理机构则分为州、县两级管理,知州和通判为州一级的管理者,知县和县丞则为县一级的行政管理者,赈济水灾、兴修水利为州、县两级管理者共同的职能。此外,为了加强对地方的控制,宋朝在州县之上设置了检查区,称为"路",除担任检查职能外,路级监司同样担负农政职能,对于地方水利的兴修负有一定责任。总体来看,宋朝注重水资源的宏观调控,事无巨细地将各项职能分派至相应的部门,力求做到无微不至,但缺乏专门的水资源管理机构进行统一的管理,造成机构的重叠,人浮于事,效率低下,具有非常高的监督和管理成本,也易于出现政府失灵。

其次,宋朝的水资源政策服从于关系国家存亡的其他政策。北宋建立伊始,就面临与隋、唐相比更为复杂和严峻的外部条件。北宋先后同辽、西夏等少数民族政权对峙,"靖康之变"后,懦弱无能的北宋政府在金兵的铁骑逼迫下被迫南迁,开启了与金划江而治、更为懦弱的南宋时代。这样的局面与宋朝"重文轻武"的政策息息相关,宋朝时期统兵权与调兵权分离,统治者以此作为限制武将权力的手段,兵将分离直接导致了部队战斗力的大幅下降,因而尽管北宋时期军队数量急剧扩充,却在与少数民族的战争中屡屡败退,不得已向辽、夏支付大量岁币,换取苟且偷安的机会,造成了"积弱"。庞大的军事开支和每年用于岁币的大笔支出使得北宋政府捉襟见肘,又造成了"积贫"。根据诺斯的国家理论,国家在本身的目标函数上存在着冲突:出于政治目标,国家会尽可能配置产权,使得统治阶级实现租金②的最大化,这样的产权配置形式通常以牺牲效益为代价,容易产生低效率的产权结构;出于经济目标,统治阶级希望通过产权的优化减少交易成本,实现全社会范围的福利最优,以此获得最多的税收。通常政治目标和经济目标都是难以兼顾的,存在着一定的内在冲突。在外敌入侵的威胁下,积贫积弱的宋朝政府始终以

---

① 汪圣铎.宋史全文 [M].北京:中华书局,2016.
② 这里的"租金",泛指一切政府希望获得的利益和达成的目标,其中最首要的目标就是政权的稳定。

维护政权稳定为首要政治目的，政局的稳定就是此时宋朝政府想要得到的最大"租金"，然而长期存在的"积贫积弱"又使两宋政府面临严峻的财政收支困境，因此需要最大化税收来摆脱财政困境。奔涌的水资源不仅关系着生产和税收，还决定了宋代的政权稳定和战略安全，因此宋代水资源政策同这样的时代背景息息相关。

在宋朝存续的三百年时间，如何在少数民族频繁入侵的形势下维护政权是政府面临首要的问题，这使得政治目标在绝大多数时候占主导地位，居于经济目标之上，也决定了居于从属地位的水资源管理政策服务于保卫政权的目的。以北宋时期河北的水资源管理为例，由于流经太行山、燕山的诸多河流以扇形从西向东汇入渤海，因而自保州（今保定）至泥姑（今天津）流域，大大小小的湖泊沼泽遍布其中。为抵御北方契丹的铁骑南下，宋太宗采纳何承矩的建议，在河北建立屯田，"以遏敌骑之奔轶"。[①] 此外，宋朝政府利用河北省密集的湖泊，引滹沱、胡卢之水入淀泊之中，并在淀泊周围密集植树，以维持淀泊的蓄水量，抵御契丹的入侵。河北省面临的另外一大水资源管理问题为黄河的浚修疏导和改道。1048 年，黄河在今河南濮阳东昌湖口处决堤，像一匹失控的野马侵袭了河北省，一路向北席卷了雄州和霸州的湖泊，向东注入渤海。在这次黄河的突然改道中，至少 20% 的河北居民丧生，大批难民逃离故土，却在奔徙中失去了生命，随后的三年由于持续的水患河北省颗粒无收。黄河这次突然的改道正是源于北宋政府的治河政策。为避免黄河决口对于国都汴梁（今河南开封）的侵扰，政府下令开挖河道使黄河改道，河北在北宋政府的"权衡"中惨遭牺牲。出于国防需要，北宋政府的屯田、屯兵政策间接对于环境造成了巨大影响，一定程度上塑造了今天河北的地貌。据估计，"北宋塘泊防线东西长达 400 多公里，总面积达 1 万多平方公里，包括如今的白洋淀。"[②] 这样的政策巩固了当时北方的边防，在塘泊中种植水稻也起到了补给军粮的作用，但从长期来看，黄河携带的大量泥沙加速了塘泊的淤积和枯竭，对生态环境造成了巨大而深远的恶劣后果。

最后，地主豪绅在这一时期的水资源管理中起到了消极的作用。除历朝历代均出现的占锢山泽之外，"豪势人户耕犁高阜处土木，侵叠陂泽之地，为

---

① 汪圣铎. 宋史全文·何承矩传 [M]. 北京：中华书局，2016.

② 中国青年报. 黄河与雄州的环境历史剧 [DB/OL].http://news.sina.com.cn/o/2017-06-28/doc-ifyhmpew3696942. shtml.

田于其间，官司并不检查；或量起税赋请射广占耕种，致每年大雨时行之际，陂泽填塞，无以容续，遂至泛滥"①，造成了水土流失和河流泛滥，对于生态有极大的破坏；他们还建立私圩，阻塞水源，强占公圩、围湖造田。神宗熙宁年间，苏州的田赋由十八万石增加到三十五六万石，一些官员认为这是围湖造田的成果，宋神宗认同了这样的看法。而在随后，宋朝政府逐渐意识到了围湖造田所带来的恶劣影响，浙东官员李光等人主张坚决退田还湖，为此引发了朝野上下的争论，皇帝不得不"诏诸路朝臣议之"②。此后，从宋高宗绍兴末年至宋孝宗干道年间，政府下令严谨围田，并下令开掘了平江府和张子盖的数万亩围田，但这些诏令根本无法遏制豪强维护造田的野心。更为令人发指的是，一些豪绅大户故意"制造水灾，售其奸利"。据记载，"大名府豪民有峙刍茭者，将图利，诱奸民潜穴河堤，仍岁决溢。"③可见在宋朝，豪强士绅在水资源管理尤其是水利的修建中担任着不光彩的角色，这与明清时期由士绅主导兴修水利的情形大相径庭。虽然明清时期地主豪强仗势欺人的情况也数见不鲜，但总体来，地主阶层在水利的兴修中起着积极的作用。

3.3 元代的水资源政策

元代的水资源政策延续了唐宋的范例，对于水资源的管理尤其是水利的兴修给予了高度重视。元太祖忽必烈鼓励民众进行农田水利的建设，在他的倡导下，黄河流域的水利建设在元朝颇具成效。元代水资源管理政策中用水规则的部分也延续了唐、宋的规定，但与前代相比规定更加详细，这主要体现在对于用水量、用水次序和处罚等方面，在下文会详细介绍。细究其原因，主要在于元代的水利工程规模较小，多为由地方政府组织或政府倡导下由民众自发修建完成，因而地方性的用水法规逐渐细化、丰富。此外，人口的增殖、用水矛盾导致的水事矛盾的频发也推动了更加健全、详细的用水法规的形成。现存的元代用水法规主要有《洪堰制度》和《长安志图》中的《用水则例》。

---

① 徐松.宋会要辑稿·食货［M］.北京：中华书局，2014.
② 汪圣铎.宋史全文·李光传［M］.北京：中华书局，2016.
③ 李焘.续资治通鉴长编卷三四［M］.北京：中华书局，2004.

根据《用水则例》规定，对于水资源的配给仍然采用"申帖制"，利户①所分得的水量则在《洪堰制度》中有着明确的规定：利户分得的水量与田地的多寡相关，"凡遇用水，斗吏②具民田多寡入状，承令得徵数，刻时放水。"每户分得的水量还取决于总水量的多寡，"水盛则多给，水少则少给。"③用水次序仍然为灌溉优先、航运其次、水碾最后。《用水则例》对于灌区的用水次序进行了更加明确的解释，即采用"自上而下，昼夜相继"的轮灌法，对于在规定时间不予灌溉、任水空过的行为进行处罚。在《用水则例》和《洪堰制度》中最为显著的特点是，对于利户所承担的义务以及对于违反规定的处罚进行了更加详细的规定。官府参考旧例，为利户制定灌溉的配额，每一名利夫需要在夏秋季节灌溉两顷三十亩土地，经过专门管理水利的官员进行检验才批准其所在的利户用水。对于不遵守规定的官员也要依例惩罚。对于盗水、浪费水等行为，更是制定了详细而严厉的处罚措施：对于虚报土地数量或不按申帖规定肆意放水浇地的行为，每亩土地罚小麦一石；对于逃避劳役的利户，除接受每年用水配额减半、小麦五斗的处罚外，还要接受每亩7下、总计不超过47下的笞刑；对于在兴修水利中偷工减料的行为也规定了具体处罚措施。

3.4 明清时期的水资源政策

明清时期是我国封建王朝走向没落的时期，从明朝开始，统治者采取闭关锁国政策，封建专制主义势力空前强盛。虽然随着商品经济的发展，中国的资本主义萌芽已经产生，尤其在鸦片战争之后，列强的侵略将先进的西方思想带入中国，但先进的科学技术在中国传播缓慢，这一时期的水资源政策仍然鲜受西方先进水利技术的影响，由于并未发生显著的技术创新，所以水资源政策并未发生根本的改变；但同宋元时期相比，人口的增长所导致的水资源相对价格的提高以及治理成本的增加，引发了水资源管理由正式制度向

---

① 利户：利户指在一定的灌溉范围内享有水权的一个群体，他们是统一的水利组织的成员，他们具有兴修、围湖水利灌溉工程的义务，需要出工、出钱保证片区水利设施的正常运行，同时他们享有在灌溉区引水灌溉的权利。
② 管理水利事务的基层地方官员。
③ ［元］.洪堰制度。

非正式制度的转变。

3.4.1 明清时期的农业用水政策

明清时期的水资源利用政策以微观管理为主体，从具体政策上看有对之前朝代的延续，也有变化和创新。

从用水管理制度上来看，明清时期的灌区水资源管理采取"水册制"，取代了明代以前广泛使用的"申帖制"。"水册制"是在渠长主持下利户共同参与制定的按地分水的用水分配制度，分配的依据为土地的多寡及土地质量。水权的分配主要依赖于地权，从这种意义上来说，水册既是水权登记册，又是土地登记册，一旦制定并通过，就具有了地方法令性质，在相当长的一段时间内，除非水权从属的地权发生了变化，否则灌区内按渠或按户规定的用水配额是固定的。这就在一定程度上解决了"申帖制"带来的交易成本过高问题。"申帖制"与"水册制"同属用水许可制度，然而在"申帖制"下，官府每年需要衡量灌区的总灌溉水量和农作物种类的变化，在此基础上每年对于用水配额进行分配，具有极高的获取信息成本。此外"各户下利户浇田，既无先后排轮之次，亦无各家合使日期，惟以亩数为限"[①]，也给"申帖制"造成了问题，每逢干旱用水秩序混乱，矛盾频发。"水册制"对这一问题的解决也提供了方案。除记载灌区内各渠的名称、位置、总灌溉面积等信息的宏观水权文书外，还有详细记载了利户个人信息、土地面积和等级以及灌溉起止时间的微观层面的水册，对灌溉区域以内利户的用水规则进行了详细的规定。各渠均按水册规定的分配配额进行引水，再由渠长确定各家各户的灌溉顺序和时间，水册成为出现用水矛盾时仲裁的依据。从制度经济学来看，"水册制"代替"申贴制"是对于产权的细化，也是对于有限的水资源更加有效的利用方式。由于人口的激增，明清时期水资源的相对价格较两宋及元朝有了很大的增长，因此对于灌区以内的用水所制定更加详细的规则尽管增加了一定成本，但与"申贴制"需年年衡量用水量及作物种类变化相比仍然减少了成本，且对于水资源更加有效的利用填补了"申贴制"下可能存在的潜在收益。

在用水使用权的规定上，明清两朝沿用了前代的规定，采取有限度的渠

---

① 辛德勇，郎洁.长安志·长安志图·建言利病［M］.西安：三秦出版社，2013.

岸权利原则和先占原则，此外还采取劳役补偿原则。利户想要获得水的使用权，必须付出相应的代价或履行相应的义务。在符合渠岸权利原则和先占原则的前提下，参与水利工程修建的利户自然具有用水的权利；在获得用水权利后，若利户对于水利工程的维护和管理不履行"出夫"义务，则用水权利会被剥夺；此外，利户必须缴纳一定的水粮，分担维护水利工程的开支，并按规定按时、按量取水，杜绝一切盗水和浪费行为。

在用水量的测度上，在宋元到明初的很长一段时间内，采取"水论度，度论准，准论徼，尺寸不得增减"[①]的原则，即采用过水的横截面为单位进行度量，说明在这一历史阶段水资源相对充足，所以用水量的测量以尽量满足所有利户灌溉需要为前提。这种度量方式不仅用于不同灌区间用水配额的划分，还用以度量同一灌区不同利户的用水配额。从明末清初开始，额时灌田法开始广泛被使用，即采用以时间为度量方式的计量方法。将一段时间内的用水权利划分给某一灌区，再由渠长根据土地面积与等级、作物品种等原则将时间化为若干小段分给利户，每家每户享有规定时间内的使用权。测量方式从徼到时的转变，体现了在这一时间段水资源的短缺，由于河流的境内流量减少，过去以徼为单位的测量方式不能满足分配需求，转而采取以时为单位的计量方式，一定程度也体现了我国在水资源管理上遵循的"均平"原则，这同样是由人口增长引发的水资源价格上涨而导致的制度变迁。

需要注意的是，明清两朝在水资源使用方式的优先顺序上，比较两宋发生了一定变化。在水资源紧缺的黄河流域，尤其是关中、山西等地区，仍然坚持灌溉优先的原则。在政府对于渠道的开挖采取高度支持的态度，"一经本渠插标洒尺开挖之处，该管地方官照章给价，所开之地内不论现种何等禾苗，立即兴工，不得刁难指勒，有违阻者，送官究治"。[②]为保证农业灌溉用水，明清政府限制水磨的修建与使用，对于因年久失修而废弃的水磨，"此后永不准复设，致碍浇灌"。对于正在使用的水磨，严格限制使用时间，"拟每年三月初一起，以至九月底停转磨，只准冬三月及春二月作为闲水转磨"。[③]明清时期，我国的经济中心已经南移，关中及山西等地区已经失去了税收的战略意义，这些地区也不在漕运支线上，因此在用水次序上维持了先代的政策。

---

① 高士薳.泾渠志稿·历代泾渠名人议论杂记·重修三白渠碑记［M］.
② 洪洞县水利志补［M］.
③ 洪洞县水利志补［M］.

与黄河流域相比，江南地区的用水次序则发生了明显的变化：保护漕运①成为明清政府在江南地区的首要政策目标。漕运同灌溉之间的矛盾古来已有，由于事关政权稳固和王朝安危，漕运的通畅可以被看作统治阶级想要获得的"租金"，因此历代的统治者在漕运和灌溉出现冲突时，都会力保漕运的运行。然而在明清之前，漕运和灌溉之间的矛盾不甚突出，尤其是在水资源充沛的南方地区。明清时期，漕运同灌溉之间的矛盾在南方地区尤其是江南地区突显出来，这种矛盾依旧源于明清时期人口的增殖。通常来说，在漕运尚且能够正常运行的情况下，政府对于农业灌溉非常重视。例如在景泰年间，江阴②百姓向朝廷进言，希望政府下令巡抚李敏解决当地顺唐河泥沙拥堵的问题，以保证两岸农业的灌溉和生产，朝廷支持了这一请求。清代统治者为了保持农业灌溉和漕运的顺利运行，对于水利工程的兴修给与了极大重视：康熙将漕运和河务放在同三藩同样重要的位置，为如何治理水利系统夙兴夜寐、毫不懈怠，雍正、乾隆两朝也对大运河进行了疏浚，这些举措不仅保证了漕运的畅通，还保证了农业的灌溉。然而，爆炸式增长的人口使得灌溉水源和漕运之间出现了矛盾，为了保证漕运河道所需的用水量，明清政府广收水源，大肆掠夺农业灌溉水源，禁灌保运成为明清政府经常采用的政策，不惜以牺牲农业为代价保证漕运的顺畅。根据明代政策规定："江南那水利当以漕河为先"，"灌田者不得与转漕争利。"③这种漕运优先的政策，对于农业生产造成了巨大负面影响：每逢干旱，运河沿岸的土地无水可浇，加剧了干旱造成的影响；而至洪水期，则优先保证运河的排水，忽略了农业的需要。可以看出明清时期漕运优先的政策，进一步印证了国家理论中关于产权界定的固有矛盾，对于明清统治者而言，获得漕运通常这一"租金"远远比保证农业发展重要得多。

3.4.2 明清时期的渔业用水政策

明清时期，中国南方的渔业有了较大的发展，生产规模非常可观，因此

---

① 漕运是中国传统社会在地区间实现物资调运的一种重要运输方式，具有运输量大且费用低廉的优点，尤其适合进行长距离运输。而至明清时期，漕运是连接经济重心的南方地区和政治重心的北方地区的重要纽带。

② 今江苏省江阴县。

③ 孙承泽.春明梦余录卷46·工部一〔M〕.

在经济发展中占据着越来越重要的地位，其中江南地区的渔业发展尤其备受瞩目。由于江南地区水网密布、湖河众多，具备发展渔业的天然条件，因此从事渔业的人口在总人口中占据相当大的规模，例如明朝时的杭州府地区就有 2.244 万户渔民，渔民总人数达 11.2 万，占当地总人口的 12% 以上。[①] 捕鱼业呈现出蓬勃兴盛的局面。此外，明清时期的水产养殖业也得到了发展。在浙江嘉兴等地盛行养殖鲢鱼、草鱼等淡水鱼类，根据嘉兴县志记载，草鱼原产于楚中，鱼苗被商人贩卖至嘉兴，养在池中长大一二尺长就可上市。而鲢鱼以池底淤泥和其他鱼类粪便为食，所以草鱼和鲢鱼一般共养一池。[②] 这是一种节约资源的养殖模式，可以提高资源的利用效率。此外，在容易遭受水患的土地低洼之处，以养鱼代替种田，可以有效避免由于水灾对农业造成的破坏，是对于环境更加合理的利用。

由于江南地区的渔业发展十分兴盛，所以渔业税的征收在政府收入中所占的比重越来越高。根据记载，"永乐十年（1412）全府课钞总数为 784438 锭，其中鱼课钞公 36201 锭，占总数的近 5%；成化十年（1474）课钞总数为 712729 锭，鱼课钞为 33659 锭，总数及鱼课数均有所下降，但鱼课比重仍约为 5%。鱼课钞包括鱼户课钞、船户课钞、菱藕户钞以及其他各项。"[③] 客观的渔业税收使得捕鱼业及淡水捕捞业受到了政府的保护，这客观上是一种对于河流、湖泊的保护。由于人口激增，在南方地区也出现了严重的人地矛盾。为了满足日益增长的土地需求，很多本不适宜开荒的土地被开垦，围湖造田也成了常态，这对于当地的生态环境造成了极大的破坏。渔业的发展在一定程度上缓解了种植业资源紧缺导致的问题，疏散了依附于土地的生育人口，然而农业和渔业征地的现象依然数见不鲜。在这样的背景下，政府基于渔业税对于河流、湖泊等生产资料进行的产权保护，客观上也缓解了围湖造田的发生，对于生态环境而言是有利的。

3.4.3 明清水资源政策的特点

明、清时期的统治者对于水资源政策尤其是水利的兴修采取了一如既往的重视态度，然而在明清时期鲜有政府出资修建的大规模水利工程，这一时

---

① 杭州府志卷 17·风土一·户口［M］.
② 嘉兴县志卷 10·食货志·物产。
③ 高升荣.水环境与农业水资源利用［D］.西安：陕西师范大学，2006：112.

期的水资源政策与前代相比具有两大特点。

第一，土地所有权与水权分离，出现了水权的买卖。

一般来说，水权和地权不可分割，用于农田灌溉的水资源使用权很难脱离土地使用权而存在，在购买取得土地所有权的同时，对于灌溉水源的使用权（所有权归国家所有）也自然而然完成了过渡。根据《源澄渠①造册提过割定起止法程》记载："工进渠造册，过水，即在卖地之利夫名下首分立一名，买地若干，立水若干，欲提于本名下不得也。"②也就是说，水权早在土地所有权的买卖中实现了交割，相应的用水权利通过"过水"这一程序自然而然实现了让渡，这就是所谓的"水随地走"。然而在清朝以前，水权严格从属于土地，即使是土地的所有者也无权将一块土地上的用水挪作他用，来灌溉同属于他的其他土地，③这就在一定程度上造成了对水资源的错配。然而与工进渠相距不远的源澄渠④则采用更加灵活的用水制度，对于拥有多块互不相连的土地的情况，水册只记录用水配额的总数，土地拥有者有权利根据需要自行在不同的土地间对用水配额进行配置，可以看出这是对于"按地定水"原则的突破，并且这种情况频繁出现成了惯例，形成了实际的"水权"和"地权"分离。

《清峪河各渠记事》中记载了一个集体"卖水"的故事：伍家村⑤位于源澄渠的上游，全村仅有150余亩土地，却由于种种原因拥有15时辰的用水配额，过剩的水程白白流向源澄渠的下游村落。因此，伍家村村民利用该地渠高地低的地形，与清峪河下游木涨渠的利夫合谋，故意造成渠水的倒失，以此牟利。⑥《清峪河龙洞记事》中也记载了很多水权脱离地权单独进行买卖的案例。到了清朝末期，水权的买卖已经是非常常见的现象了。《清峪河各渠记

---

① 位于山西省咸阳市清峪河流域。

② 刘屏山.清峪河名渠记事·源澄渠造册提过割定起止法程。

③ 《源澄渠造册提过割定起止法程》中解释了关中地区农业生产中水资源利用的这一问题。在中国古代社会，土地在大多数时期被允许进行买卖，然而对于水资源的所有权则属于国家，因而严格来说土地所有者只享有该片土地上相应的水资源使用权。当国家将"水权"与"地权"绑定，就出现了一个情况：假设农民甲购买了一片土地用来种植小麦，这片土地与他用来种植玉米的其他土地并不相连。由于玉米是耐旱作物，小麦生长则需要充足的水源，种植玉米的土地可能并不能用隶属于该片土地的所有水资源，种植小麦的土地用水配额已经用完。然而在这样的情况下，农民甲并不能将玉米地未使用完的用水配额用在小麦地上。

④ 源澄渠、工进渠均位于清峪河流域。

⑤ 位于陕西咸阳清峪河流域的村庄。

⑥ 刘屏山.清峪河名渠记事·倒失利害说。

事》有"木涨渠有卖地不带水之例，而源澄渠亦有卖地带水香者，仍有单独卖地亦不带水香者。"区别在于"请渠长同场过香者乃是水随地行，买地必定带水。不请渠长者，必是单独买地，而不带买水程也。故带水不带水之价额，多少必不同也。"[①] 说明在清朝末年，水权的买卖虽然仍然不合法，但已经为大众所默认。

深究何以在明清时期形成"水权"和"地权"分离，除在这一历史时期干旱频发带来用水困难的气候原因，以及商品经济萌芽对人们观念上的冲击，笔者认为最重要的原因仍是人口增长造成的资源稀缺和进而引发的相对价格变化。明清以来，中国经历了较长的和平时期，稳定繁荣的生活环境为人口的增长创造了条件，土豆、红薯等高产作物的引进和广泛种植大大提高了土地的产量。此外，经过明朝的"一条鞭法"、清朝"滋生人丁、永不加赋"等一系列税赋改革，农民的负担大幅度地降低了，因而明清时期是人口急剧增殖的时期，经过明末的战乱，清初人口锐减，然而在接下来的近百年时间内人口猛增至一亿人，与此同时人均耕地面积由清初时期急剧减少。

人口的急剧攀升造成了日益严重的资源稀缺，其中包括水资源和土地资源的稀缺。"水随低走"的原则将用水权和地权紧密地捆绑在了一起，使得水资源的稀缺变得更加严重。如前文所提，水权和地权的不可分割性使得水资源的调配在即使归属同一所有者的土地之间也如此困难，由此可推断在全社会范围内大量水资源不能得到有效的利用。当一种物品具有了有用性和稀缺性，就具备了成为商品的资格，然而随着人口的爆炸式增长水资源的价格持续变高，水权却被禁止交易，这使得无法通过市场对全社会的水资源进行资源配置，一部分水资源无法最大化实现其价值，存在着潜在的利润。因而制度的创新存在动力，通过水权的交易，潜在利润可以得到实现，买卖双方都得到了帕累托改进。虽然水权交易在制度层面仍然是被禁止的，但水资源价值的上升使得实际的产权变得更加明确，通过由利户牵头的私下交易逐渐实现了诱致性制度变迁。（官员为了地区的安稳和政局可能会选择为利户隐瞒。）概括来说，明清的水权交易是在水资源要素价格发生变动后，为实现潜在价值所形成的民间非正式制度同正式制度的平衡，政府对于水权交易的禁止和水权交易在民间的盛行，这样的双轨制引出了明清水资源利用政策的

---

① 刘屏山.清峪河名渠记事·利夫。

第二大特点。

第二，以乡里制度为核心的民间非正式制度成为水资源管理制度的核心

与宋元时期相比，明清的水资源政策第二大特点是形成了以乡约民俗等微观非正式制度为主的管理方式，政府官方公布的水资源政策成了辅助手段。明清时期，中国的封建专制主义中央集权发展到了顶峰，孟森对明朝的政治制度针砭时弊，认为"明代之弊，无过于信用宦官，其次为锦衣卫镇府司狱，又其次为廷杖。"①可以看出除信用宦官以外，其余两条皆为加强专制主义中央集权的举措。清朝乾隆时期设立军机处，"军国大计，罔不总揽，""机务及用兵皆军机大臣承旨，天子无日不与大臣相见，无论宦寺，即承旨诸臣亦只供传达缮撰，而不能稍有赞画于其间也"。②可以看出，虽然军机处统揽军国大计，但事实上军国大事完全由皇帝进行裁决，这使得中国的专制主义中央集权发展到了顶峰。那么在明清时期专制主义中央集权如此兴盛的时期，对于日益紧缺的水资源的管理却为何"下放"到了民间呢？

首先，这与明清时期政府在地方加强中央集权、对百姓进行管理控制的手段有关。明清时期，乡里制度得到了极大发展，成了封建国家维护其统治的重要工具。政府委派在当地具有影响力的士绅对民间日常事务进行管理和调解，并通过宗族解决族内事务。这是因为在长期的封建伦理教化中，中国人形成了崇尚家族和血缘的伦理观，儒家对于"孝"的推崇就是典型的例子，家族本位制的伦理观使得宗族比起官方力量更能发挥在地区的管理作用，乡绅和宗族首领进行管理的依据就是约定俗成、为大家所认可的乡约、民俗和道德规范。事实上，对地方事务进行管理的乡绅可以说是封建国家在地方的非正式管理者，统治者通过乡里制度对地方进行严格的控制，这就解释了为什么在中央集权空前强大的明清时期，为什么水资源的管理产生了"下放"地方的制度原因。

从新制度经济学角度来看，以微观的非正式制度代替正式制度在明清时期的水资源管理可以提高管理效率、降低交易成本。水权的大规模交易使得水资源的管理变得空前复杂，由于水权交易导致的纷争频发，查阅这一时期的史料，可以看出由于争夺水源导致的争端几乎发生在全国各个地区，"水利

---

① 孟森.明史讲义［M］.北京：中华书局，2009.
② 赵尔巽.清史稿·军机大臣年表序［M］.北京：中华书局，2015.

所在，民讼罔休"① 可以说是这一状况的写照。对于民间水案的处置需要对于当地风俗、历史甚至地形等多方面原因的综合考虑，由政府出面解决具有极其高昂的信息成本，对于本地情形极其熟悉、且具有威信的宗族首领和乡绅弥补了这一不足，大大降低了管理中的交易成本。从另一方面来看，对于水资源的争夺造成了"搭便车"问题的频发，对于政府原有的以宏观指导为主体的水资源政策产生了严重冲击，单纯地以来正式制度造成了"政府失灵"。而正式制度本身存在的路径依赖，又使得尽管一些水资源政策已经不符合需求（例如对于水权交易始终没有放开），但因为制度变迁的路径依赖性，只能锁定在原来的无效率状态。因而，乡里制度作为非正式制度，取代了正式制度对于地方的水资源进行管理。

乡绅是明清时期地方水资源管理中不可或缺的力量。如前文提到的，宗族首领基于宗族本位主义思想，可能会出现为谋求本宗族利益罔顾他人的情况出现，徐杨帆提到，忻州② 白村中郭姓势力庞大，因而长期总理地方的渠务，"广济渠③数次议开，皆因白村郭姓大户的阻拦未果。"④然而乡绅则多为深受传统儒家文化熏陶、眼光更加开阔的一群人，他们"长期在乡间承担着传承文化、教化民众的责任，同时参与地方教育和地方管理，引领着一方的发展。"⑤他们在协助官府进行水资源管理中发挥了重大作用，潘春辉提到："山丹县⑥士绅马良宝担任暖泉渠水官，为人公正不屈、秉公处理水案，'河西四闸强梁，夜馈盘金劝退步，良宝责以大义，馈者惭去，于是按粮均定除侵水奸弊，渠民感德'。士绅毛柏龄亦是山丹暖泉渠水官，'秉公剖析，人称铁面公'。清光绪十九年，高如先被举为临泽二坝下渠长，'秉公持正，水利均沾'。这些士绅能够较公正地处理水利纠纷，成为河西官府调处乡村日常水利纷争的臂膀。"⑦鉴于乡绅在水资源管理事务上发挥的重要作用，官府对其进行了充分维护，在官员赵积寿为金塔⑧索水遭到酒泉民众的控告之后，甘肃省

---

① 介休县志卷二。

② 今山西省忻州市。

③ 位于陕西定襄县降潺沱河流域。

④ 徐杨帆. 明清以降潺沱河水利开发与水利纠纷——以山西省定襄县广济渠水案为例［J］. 经济研究导刊，2008（18）：142.

⑤ 刘毓庆：《乡绅消失后，乡村便不可避免地衰落》，载《中华读书报》。

⑥ 今甘肃省山丹县。

⑦ 潘春辉. 清代河西走廊水案中的官绅关系［J］. 历史教学，2017（10）：37.

⑧ 今甘肃省金塔县，与酒泉县毗邻。

府认为对于赵的控诉言过其实，并严令百姓不得中伤赵积寿。从另一方面看，通过乡绅和官府的合作关系，民间关于水资源分配的意愿也可通过乡绅传达至官府，一些合理的非正式制度甚至逐渐发展成为地方性的正式制度。

3.5 结语

纵观宋元明清时期的水资源政策，总体来说宋元时期的政策主要由中央和各级地方政府制定，以由法令、政令为主的正式制度为主，从政策的内容上来说因循唐制，在相当长的历史时期未发生明显变化。明清时期，政府层面的水资源政策依旧未发生根本性变化，然而与前代不同的是，明清时期的水资源管理主要依赖乡约、民俗等非正式制度，水资源管理的权力由政府官员"下放"至宗族首领和乡绅，这与水资源的紧缺导致的民间纠纷——俗称"水案"频繁发生有直接关系，民间的水权买卖也增加了纠纷发生了概率，地区水资源管理变得空前复杂。由当地风土民情熟悉的乡绅和宗族首领对水资源进行管理、水资源纠纷进行调解可以极大地节约获取信息、谈判等交易成本，因而非正式制度取代正式制度，成为明清时期最主要的水资源政策。

由制定水资源政策的目的看来，宋元明清的水资源政策存在"重利用，轻保护"的特点，这主要是由于一家一户的小农生产方式有关，小农经济生产规模小，关注眼前和自身利益，因此具有较强的负外部性；这样的政策特点还同中国古代长期处于农业社会的情形相适应。在这一时期鲜有出于生态保护目的的水资源政策，水资源管理的重点在于杜绝浪费，保证水资源最大限度地发挥作用。从不同的历史阶段来说，由于战乱频繁，封建国家的首要目标在于维护政权，加之人地矛盾在这一历史时期尚不严重，因而水资源政策的制定亦服务于巩固政权的目标。然而明清时期，社会环境相对稳定，且在清之后人口极速膨胀，人地矛盾频发，因而水资源政策主要服务于保证农业生产的目标。因而不论在哪个朝代，水资源政策都是从属于其他政策的，对于水资源本身则缺乏保护的政策。

然而从客观上来说，从宋元到明清政策的演变促进了水资源的节约和保护。在近代的工业文明之前，水污染并非严重的问题，大规模的水污染更是极少发生，由于倾倒垃圾、废物所造成的小规模水污染很容易通过自净得到恢复，但由于居民生活垃圾、手工业废水和灾害、战争所带来的流尸问题仍然在局部和短时间内对于水资源造成了一定污染，政府针对这些污染也制定了相关的政策，总体来说对于水资源的影响不大，更多的水资源政策集中在农业、渔业等的水资源利用层面上。随着水资源稀缺程度的加深，人们节约用水的意识不断加深，尤其在严重缺水的黄河、晋河流域，对于水源的渴望和崇拜成了信仰和道德的一部分，这也是非正式制度的一部分。通过对于水资源管理由政府向民间的下放，水资源的利用越来越合理，水资源的价值越来越被重视，客观上起到了水资源的保护作用。

第四章　宋元明清时期的林业资源政策

宋元明清时期的中国仍是传统的农业社会，耕地是最为根本的生产资料。如前面章节所论述，有限的耕地资源不能满足人口的增殖是在农业文明中出现的主要矛盾，经过数千年的技术革新，在两宋时期，中国基本的农业地理格局已经初步奠定，精耕细作的生产模式也已基本形成，依靠施肥、轮作、水利灌溉等手段已经使得平原地区的耕地地力潜力开发殆尽。北宋以降，中国人口虽仍受气候、自然灾害、战争等影响有所波动，但总体来说保持了上涨的趋势，进入清中叶更进入了爆炸式增长时期。正如第三章所提到的那样，不可调和的人地矛盾使得人们自然而然将目光转投至丘陵、山地及边疆地带进行开荒，这些地区多被茂密的森林所覆盖，刀耕火种的开荒模式对于林业资源造成了毁灭性的破坏。此外，人口的增长也极大地增加了对木材的需求量，商品经济发展使得对于木材的利用方式变得越来越多样，更加剧了木材供给不足的形势。受上述因素的影响，可利用的木材稀缺性呈现出越来越高的态势，相对价格不断提高；而出产木材的森林往往位于交通不便、开发程度较低的山区地区，随着人口激增森林资源遭受到极大的破坏。两宋以来政府都对于林业资源给予了极大的重视，形成了一套相对完善的林业资源开发、利用和保护政策。在中国古代为数不多的环境政策中，与林业资源相关的比重极大，关于野生动植物保护的政策也与林业政策密切相关，加之林业资源受人地矛盾所带来的影响最为直接和广泛，因而笔者特此在本章予以论述。

4.1 先秦时期林业保护的经济依据和自然崇拜

笔者在第二章对中国传统的生态观进行再讨论时，曾详细论述了先秦时期对环境保护法规的重视，与后世对于自然环境保护的漠视形成了鲜明的对比，这样的矛盾主要来自采集、狩猎文明与农耕文明所依赖的生产方式和生产资料。细究先秦时期的环境保护政策，其中与林业资源保护相关的政策数量之多、规定之详细令人赞叹，考虑到先秦时期的林业政策与农耕文明中林业政策的根本差异，笔者在该章伊始先对其经济依据和思想根源进行简要剖析。

首先，森林为先秦时期人们提供了赖以生存的资源，这是在这一历史时期政府重视林业资源保护的经济依据。早在新石器时代，中国就已经进入了农业社会，红山等文化遗址出土了石斧、石凿等原始农具，说明在当时已有原始的农耕文明出现。然而直到先秦时期，采集和狩猎仍是人们获得生存所需物质资料的重要手段。《战国策》中有记载，在秦国攻打魏国的战争中，"文台堕，垂都焚，林木伐，麋鹿尽"①，以破坏魏国的森林及动植物资源作为打击魏国的重要方式，足可见采集和狩猎在当时人们的日常生活中仍占据着相当大的比重。荀子在论及生产时也提到："今是土之生五谷也，人善治之，则亩数盆……然后昆虫万物生其间，可以相食养者，不可胜数也。"②可以看出荀子将森林及生物的管理放在与农业生产同样重要的位置。《诗经》中更有大量关于采集及狩猎相关的记载，足见先秦时期人们对于天然生长的植物、果实及野生动物的依赖，因而对其赖以生存的森林自然予以了强烈的重视。荀子认为："树成荫而众鸟息焉"，③《中庸》中也有记载"今夫山，一卷石之多，及其广大，草木生之，禽兽居之，宝藏兴焉。"④先秦时期人们已经充分认识到了森林保护同生物多样性之间的关系，为了保证稳定的食物来源，政府为林业资源的保护颁布了详细且数量众多的政策，这是与当时强烈依赖采集和狩猎的生产方式相适应的。归根到底，生产关系的变革是由生产力的发展水平所推动的，在农耕文明成熟之后，耕地成了最重要的生产资料，相对于捕鱼、狩猎等靠天吃饭的模式具有稳定的特点。这种划时代的技术创新推动了耕地资源相对价格的上升，与此同时森林资源的重要性下降，资源的稀缺性减弱，这就决定了在农耕文明取代采集、狩猎文明后，人们对于森林资源的重视程度下降，且随着农耕文明的趋于成熟呈现出越来越明显的态势。

其次，先秦时期对于林业政策的重视，还存在着深刻的思想根源。在生产力水平极其落后的时期，人们对于自然的认识十分有限，面对千变万化的自然现象以及无法控制的自然灾害，自然而然产生了对超自然力量的崇拜，

---

① 缪文远（校注）.战国策·魏策［M］.北京：中华书局，2012.
② 方勇（译注）.荀子卷6·富国［M］.北京：中华书局，2011.
③ 方勇（译注）.荀子卷6·富国［M］.北京：中华书局，2011.
④ 王文锦（译注）.大学中庸译注［M］.北京：中华书局，2008.

认为万物皆有神灵主宰。对于山林的原始崇拜是先秦时期重视林业保护的起点，在当时人们认为山林是风雨产生的地方，孔子就认为："夫山……兴吐风云以通乎天地之间，阴阳和合，雨露之泽，万物以成。"①《楚辞》亦载："山峻高以蔽日兮，下幽而多雨。"② 这尽管是科学不发达时期人们的误解，但这种原始的自然崇拜对于山林保护政策的制定有很大影响。《左传》就记载了这样一则故事，昭公十六年郑国大旱，当地官员为求雨砍伐了桑山的树木，子产向昭公进言："有事于山，山林也，而斩其木，其罪大矣。"③ 对砍树官员采取"夺其官邑"的严厉处罚。无独有偶，齐国国君要大兴土木时，晏子也劝诫到："今君政反于民，而行悖于神，大宫室多斩伐以逼山林，"这样会"民神俱怨"，④ 因而打消了国君的念头。先民对于山林的这种原始崇拜是一种为当时普遍接受的意识形态，作为重要的非正式制度自觉规范着人们的行为，同时这种普遍的认同减少了制度制定和运行的摩擦，减少了交易费用，为先秦时期护林政策的制定和执行提供了良好的条件。

反观后世，经过近千年的发展，到两宋时期，农业科学技术取得了显著的进步，农业生产力水平大幅提高，在统治的核心区域，采集和狩猎已经几乎退出了历史舞台。以农业生产为主的生产方式使得人们对于森林的态度产生了巨大的转变：森林不再是为人们提供衣食的最主要资源，为人们的生活提供了源源不断的木材资源，用于薪炭、建筑、冶铁、煮盐，成为了农业和手工业生产的辅助。林业资源再也不是直接关系温饱的最主要因素，尽管对于木材的需求量与日俱增，但森林资源的相对价格却每况愈下。随着人地矛盾的不断加剧，森林甚至成了人们获得最重要生产资料——耕地的制约。对于森林资源利用方式的转变，使得宋元明清的林业政策与先秦时期相比，存在着本质的差异。

4.2 两宋以来对林木的消耗

在第三章，笔者已经详细论述了一个重要事实，那就是在两宋时期我国

---

① 傅亚庶（撰）.孔丛子·论书 [M].北京：中华书局，2011.
② 林家骊（译注）.楚辞 [M].北京：中华书局，2015.
③ 郭丹（译注）.左传·昭公十六年 [M].北京：中华书局，2016.
④ 汤化（译注）.晏子春秋卷 3 [M].北京：中华书局，2015.

精耕细作的农业生产方式已经基本形成了。在中国两千多年的封建历史中，农业是最根本的生产部门，农业生产方式的基本定型，决定了维持每一单位正常生产所需要的配套资源稳定了下来，对于木材的消耗方式也趋于稳定，因而笔者在此对宋元明清时期基本的木材消耗进行简要描述。

宋元明清时期对于林木的消耗首先是建造宫室所用的建筑用材。法国作家雨果曾经说过："建筑是石头的史书"；更有人印度的泰姬陵称为："大理石的诗"，然而这样的论断在古代中国并不适用，中国的古代建筑多为木质结构，这使得建筑成为木材消耗的大宗支出。其中对木材、尤其是珍贵木材耗费最为巨大的是宫室的修建。北宋初年，宋太祖赵匡胤下令在汴京修建宫室，"命有司画洛阳宫殿，按图修之。"[①]宋太宗即位后，命令右班殿直张平"监市木秦、陇，"在春秋两季将木材经水路由山西运至开封，用于宫室的修建，以致"期岁之间，良材山积。"[②]更大规模的宫室营建发生在神宗时期，其"大兴土木之役，以为道宫"，所用的木材来自全国各地，包括歧同之松、汾阴之柏、明越之杉……"其木石皆遣所在官部兵民入山谷伐取。"[③]直至北宋灭亡，为兴建宫室所进行的大规模森林砍伐仍未停止。明代则是修建宫室耗费木材最多的朝代，《明史》记载："永乐四年建北京宫殿，分遣大臣出采木，逮往湖湘。以十万众入山辟道，召商贾军役得贸易，事以办，然颇严苛，民不堪。"[④]这样大规模的皇木采办一直持续到宣德年间，"承工部勘合采杉松大材七万株。"[⑤]仅仅过了不到百年，嘉靖万历两朝又大规模采办木材，"采木之役半天下。"事实上，由于皇木采办造成的数目破坏远超过需求数目。建造宫室所需要的珍贵树木大多生存在深山老林，为开采这些木材，要大量清除树木以伐山开道。即使是砍伐下来得珍贵树木也会因为高度、直径不合要求被弃之不用，或因运输途中得损坏被大量遗弃。大量珍贵木材的开采和破坏使得林业资源遭受了极大破坏，以至于到清朝康熙时期，关内的巨木资源已经极少，不得不将皇木的采办地转至关外，乾隆帝甚至因为巨木资源的缺乏搁置了营修宫室的计划。

---

① 汪圣铎（点校）.宋史卷85·地理志［M］.北京：中华书局，2016.
② 汪圣铎（点校）.宋史卷27·张平传［M］.北京：中华书局，2016.
③ 容斋三笔卷11。
④ 南炳文.明史·师逵传［M］.北京：中华书局。
⑤ 明实录·宣德实录。.

百姓日常生活所需的木材是两宋以来木材消耗的又一大项来源。百姓房屋的建造同样需要大量木材，然而由于存在土坯、砖瓦、石头等替代物品，所以使用的木材难以估计。根据赵冈的估算，"如果用 1952 年实际建筑木材耗用量除以当年人口数，可得平均每人 0.007 米。这样算来，五口之家每 50 年建屋一所，共享 1.75m³。"[①] 他认为考虑到现代建筑业对水泥的使用，这样的参数可能偏低。尽管建筑所需的木材为一次性支出，且人均消费远远低于皇室和贵族的支出，然而却与人口的规模紧密相关，人口基数愈大，则建筑木材消耗愈巨。更加数量巨大的日常木材消耗来自薪柴，赵冈同样对历史上人均的薪柴消耗给予了估计，根据他的推算，人均每年需要烧掉 1m³ 的木材，因而将北宋和清朝的人口顶峰做对比，每年在薪炭一项上木材的消耗就翻了两番，人口的膨胀对于林业资源造成的压力和破坏显而易见。

除以上两项之外，两宋以来繁荣发达的手工业和商品经济也加剧了木材的消耗，其中首推的是冶矿业。铜的开采需要耗费大量木材，"采铜法，先用大片柴，不计段数，装叠有矿之地，发火烧一夜，令矿脉柔脆，次日火气稍歇，作匠方可入身。"[②] 炼铜所需要的薪炭更多，"以每秤铜一料用矿二百五十箩，炭七百石，柴一千七百段。"[③] 在北宋开始兴盛的冶铁业，治平年间产 400 多万生铁，将消耗 12 万 m³ 木材，毁林 2.5 万亩。[④] 除冶矿外，煮盐业也是产生大量林木消耗的产业。自宋朝开始，四川的井盐就闻名于世，武隆县以薪炭燃煮制盐，以致"两山树木芟薙，悉成童山。"[⑤] 明清时期，"常有各省流民一二万，在彼砍柴，一共大宁盐井之用。"[⑥] 对当地的林业资源造成了极大破坏。此外，制酒业、造船业等也是木材耗费量巨大的手工业。

可以看出，除了供统治阶级挥霍享用的木材之外，其他的木材消耗量都与人口呈现出明显的正向相关关系，森林覆盖率也自然而然随着人口增加呈现出下降的趋势。根据樊宝敏（2001）的估算，按照今天的国土面积进行估算，远古时期中国的森林覆盖率大约为国土总面积的 64%，到夏朝时约下降

① 赵冈.中国历史上生态环境之变迁［M］.北京：中国环境科学出版社，1996：74.

② 龙泉县志·菽园杂记。

③ 龙泉县志·菽园杂记。

④ 许惠民.北宋时期煤炭的开发利用［J］中国史研究，1987（02）：144.

⑤ 舆地纪胜卷 174·涪州·夔州路。

⑥ 蜀中广记。

至 60%。① 历代的森林覆盖率和人口增长如表 4.1 和图 4.1 所示②。可以看出从农耕文明取代采集、狩猎文明之后，森林覆盖率大约为 46%，在此后的一千年时间（至五代时期），森林的覆盖率下降呈现出较为稳定的速率，在五代辽宋金夏这一时期森林覆盖率显著下降，这与人口的增长以及战争的破坏都是不无关系的。而元代的森林覆盖率近乎没有下降，人口数量也近乎没有变动，这主要和明代存续时间较短以及游牧民族未曾完全实现农耕文明的转化有关。而至明清时期，森林覆盖率的下降十分明显，尤其是到了清代，这主要与人口数量的激增有直接关系。

表 4.1 中国历朝森林资源与人口数量

年代	森林覆盖率 /%	人口数量（万人）
远古时代（约 180 万年前 ~ 前 2070 年）	64~60	低于 140
上古时代（前 2069~ 前 221 年）	60~46	140~2000
秦汉（前 221~220 年）	46~41	2000~6500
魏晋南北朝（220~589 年）	41~37	3800~5000
隋唐（589~907 年）	37~33	5000~8300
五代辽宋金夏（907~1279 年）	33~27	3000~13000
元（1279~1368 年）	27~26	6000~10400
明（1368~1644 年）	26~21	6500~15000
清前期（1644~1840 年）	21~17	8164~41281
清后期（1840~1911 年）	17~15	37200~43189
民国时期（1911~1949 年）	15~12.5	37408~54167
中华人民共和国（1949~1999 年）	12.5~16.55（含大量人工林）	54167~139533

---

① 樊宝敏.中国历代森林覆盖率的探讨［J］.北京林业大学学报，2001（07）：61.
② 图 4.1、表 4.1 来源均为樊宝敏.中国历代森林覆盖率的探讨［J］.北京林业大学学报，2001（07）：61.

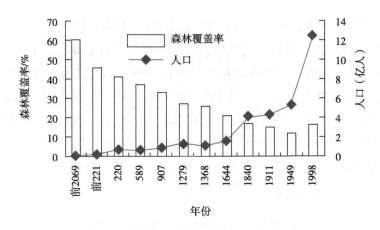

图 4.1　中国历朝森林资源与人口数量对比

4.3 两宋时期的林业资源政策

北宋初年，在结束了近百年群雄割据、战争不断的纷乱局面后，北宋政府采取减免税收、劝课农桑、兴修水利等一系列措施，使得经济得到了迅速的恢复和发展，在平原地区形成了较为稳定的精耕细作的农业生产方式，与此同时两宋时期也是手工业发达、商品经济大为活跃的时期，农业的发展、工商业的兴盛、人口的增殖使得对于木材的需求越来越旺盛。然而林业资源丰富的东北、西北部的广阔地区都被少数民族政权统治，北宋政府治下可供开采的林区十分有限。靖康之变后宋廷南迁，拱手将淮河以北的大片领土让与金人，这使得木材的供给变得更加困难。因此，两宋时期的木材供应紧张远非前代可比，政府也对林业的管理给予了高度重视，两宋时期是中国封建社会林业政策基本完善和成熟的时期，这一时期政府将林业政策的重点放在林木的培育上，明清时期由于开荒导致的林业资源破坏在两宋时期尚不明显。

4.3.1 两宋时期林业政策的具体内容

宋朝是我国法律体系空前完善的朝代，叶适对于宋代法律之完备，曾有如下评论："今内外上下，一事之小，五罪之微，皆先有法以待之。"[①]两宋时期的林业政策符合宋朝立法详细完备的特征，也正是在两宋时期，形成了政

---

① 叶适.水心先生文集［M］.上海：上海书店，1989.

府对于林业进行管理的完善体系，明清的林业政策是两宋时期政策的延续和完善。从内容上说，两宋时期的林业政策分为林木的培育和保护。

从机构设置上来看，宋代在中央专设虞部对于林业事务进行专门的统筹管理，设虞部郎中、员外郎各一人，专门负责山泽苑囿的管理；又设置司农寺卿一职，负责仓储委积的管理，另设有少卿、丞参作为辅助。在地方，将林业事务的管理下放至地方官员，蔡京曾明确提出："林木可养斧斤，可耕山荒，可种植之类，县并置丞一员，以掌其事。"[①]将植树造林、尤其是桑枣的种植作为评判官员政绩的明确标准。此外，由中央政府向地方不定期派遣的各种使司，也兼负责一些生态相关的事务，如提点刑狱司"监管沟洫河道之事"[②]，就涉及堤岸林的营造和保护；劝农司负有劝课农桑的义务，也与植树造林有一定关系。

从两宋时期具体的林业资源政策上来看，首先是林业资源的培育政策。早在北宋建立之初，宋太祖就提出"桑枣之利衣食所资"，将种植桑枣、营建经济林作为促进农业生产、恢复经济发展的重要手段。公元 956 年，宋太祖颁布诏令："课民种树，定民籍为五等，第一等种杂树百，每等减二十为差，桑枣半之"[③]，规定植树造林为百姓应尽的义务。《宋刑统》更将植树造林以法律的形式肯定下来，据《课农桑》记载："依田令，户内永业田课植桑五十根以上，榆枣各十根以上，土地不宜者，任依今法。"[④]除将种植经济林作为百姓应尽的义务外，为充分激发百姓的造林热情，宋太祖还以减免赋税为手段，"令只纳旧租，永不通检"，"以令百姓广植桑枣开荒"[⑤]。此外，政府将课民植树作为考核官吏政绩的重要指标，宋真宗时，沣州官员刘仁霸以劝课农桑为题材创作民歌十首，教给百姓广为传唱，宋真宗得知后，对刘仁霸进行了奖励，并准其留用再任。更有法令明确规定："知州，部史者以能课民种桑枣者，率优其第秩焉。"[⑥]这样的法令虽在其他朝代也并不鲜见，但据陈登林考证，"在我国历史上，因领导植树造林成绩卓著而被载入史册的循吏，以宋代

---

① 汪圣铎（点校）.宋史·职官志［M］.北京：中华书局，2016.
② 汪圣铎（点校）.宋史·职官志［M］.北京：中华书局，2016.
③ 汪圣铎（点校）.宋史·食货志［M］.北京：中华书局，2016.
④ 窦仪.宋刑统校正［M］.北京：北京大学出版社，2015.
⑤ 李焘.续资治通鉴长编卷 2［M］.北京：中华书局，2004.
⑥ 李焘.续资治通鉴长编卷 2［M］.北京：中华书局，2004.

最多。"①

如果说建造经济林是出于社会经济发展的需求，两宋政府在边境地区鼓励植树造林的政策主要是基于国防需求。北宋王朝建立伊始，就与辽和西夏等少数民族政权的威胁。当时的北宋王朝以海河、霸州、雁门关一线为界与辽对峙，边境地带大多是平原，缺乏天然的军事屏障，一旦有战事发生，辽军的铁骑就可长驱直入。为改变战略防御上被动挨打的局面，宋神宗下令"安肃广信顺安、保州，令民即其地植桑榆或所宜亩，因可限阂戎马。"熙宁六年，辽国向宋要求割让代北之地，韩琦认为这一行为是源于辽对北宋政府营建边防林的不满，由于"南朝（北宋）植柳数里"，以致"以北人渔界河为罪，岂理也。"②可见宋神宗时期国防林的建设已经颇见成效。除经济林和国防林外，对于堤防林的修建则更多是出于加固大堤、保护生态环境的需求。由于北宋的核心统治区域常常遭受黄河泛滥的侵袭，因而格外注重对于水利和堤防的修建。在堤岸的修建中，北宋政府多次下令，"黄、汴河两岸，每岁委所在长吏，课民多栽榆柳，以防河决。"③即便昏庸的宋徽宗也对植树造林对堤岸的保护有所认识，下诏"滑州、浚州界万年堤，全藉林木固护堤岸，其广行种植，以壮地势。"④熙宁八年，大名府⑤为建设城市砍伐了大量边防林，导致了严重的水灾，宋神宗获知此事后立即下令禁止采伐黄河两岸的榆柳，并下令即便是水灾之后也不得滥砍滥伐。南宋政府也对于营造堤岸林给与了高度重视，宋孝宗、宋光宗年间，都先后有法令颁布，一再对堤岸林的营造进行督促。

在林业资源的保护方面，宋代的法律和政令非常详尽。首先，对于滥砍经济林木的行为进行了严格的限制。宋朝对于砍伐桑枣林木的行为处罚非常严厉。建隆三年，宋太祖颁布诏令："桑枣之利，衣食所资，用济公私，岂宜剪伐？如闻百姓斫伐桑枣为樵薪者，其令州县禁止之。"⑥景德元年，王超率军在天雄与辽军作战，其中有三名军士"辄入村落伐桑枣为薪，已按军

---

① 陈登林.中国自然保护史纲［M］.哈尔滨：东北林业大学出版社，1993.

② 汪圣铎（点校）.宋史·程师孟传［M］.北京：中华书局，2016.

③ 汪圣铎（点校）.宋史·余良肱传［M］.北京：中华书局，2016.

④ 汪圣铎（点校）.宋史·河渠志［M］.北京：中华书局，2016.

⑤ 今河北省大名县。

⑥ 司义祖.宋大诏令集［M］.北京：中华书局，1962.

法。"① 然而在严厉的处罚下，北宋各时期砍伐桑枣的现象都屡见不鲜，这主要源于宋朝沉重的税负。由于政府"积贫、积弱"，财政面临严重的赤字，因而加重税收，农民因无力负担税收，被迫砍伐桑枣用来缴纳税负，甚至纳税的数量在一些地区都以桑枣林木的数量来衡量。在宋仁宗时期，许多官员就已经意识到了滥伐桑枣是由于赋税过重的原因，范仲淹、欧阳修等人均为此上书，主张轻徭薄赋，减少对于桑柘的砍伐。根据何帆的观点，政府在制定政策时往往面临多重目标，这就类似于诺斯国家理论中追求最大租金和最大税收之间的目标，对于多重目标的追求往往导致实现目标效率的损失。简·丁伯根也提出过类似的观点，如果要满足 n 个政策目标，就应该相应有 n 个政策工具。显然，宋朝政府在制定政策时难以兼顾税收、国家安全、民生和环保等多重目标，因此不仅导致了环境政策被漠视，其他政策的无效率也加剧了生态环境不受重视的局面。

其次，政府对于破坏森林的行为进行了严厉制裁。两宋时期，政府先后多次颁布封山禁伐诏令，对森林资源进行保护。皇佑元年（1049 年），政府下令定州以北地区的树木全部禁止采伐；大观四年（1110 年）规定："当春发生，万物萌动，令开封府京畿及诸路州县官吏禁止伐木。"② 宣和三年（1121 年），宋朝政府正式立法禁止滥砍滥伐；治平、元丰年间宋朝政府都在四川的森林繁茂处实行封禁山林的政策……此外，为了防止山火对森林资源造成的损失，法律规定"令河道缘边不复焚牧马草地"③、"自余焚烧野草，须十月后方得纵火。其行路野宿人，所在检查，毋使燔延"④，对于由于过失导致森林火灾发生的行为，惩罚非常严厉："诸于山陵兆域内失火者徒二年，延烧林木者，流二千里。"⑤ 最后，两宋政府非常重视对于野生动物资源的保护。《宋大昭令集》记载，建隆二年宋太祖下诏："其禁民无得采捕虫鱼，弹射飞鸟，仍永为定式，每岁有司其申明之"；⑥ 景佑三年，"刑部遍牒三京及诸路转运司辖下州、府、军、监、县等，应臣系士庶之家，不得戴鹿胎冠子。及今后诸色

① 李焘. 续资治通鉴长编卷 2 [M]. 北京：中华书局，2004.
② 徐松（辑）. 宋会要辑稿·刑法 [M]. 北京：中华书局，2014.
③ 李焘. 续资治通鉴长编卷 63 [M]. 北京：中华书局，2004.
④ 汪圣铎（点校）. 宋史·真宗本纪 [M]. 北京：中华书局，2016.
⑤ 李焘. 续资治通鉴长编卷 58 [M]. 北京：中华书局，2004.
⑥ 司义祖. 宋大诏令集 [M]. 北京：中华书局，1962.

人，不得采捕鹿并制作冠子。"① 天禧三年，宋真宗下令："不得采捕山鹧，所在长吏，长加禁察。"② 这些野生动物保护的政策虽然表面看来与林业保护无关，却维护了森林生态系统的和谐，对于野生动物的保护也需要对其赖以生存的栖息地予以保护。

4.3.2 关于两宋时期林业政策的若干要点及影响

两宋时期是中国林业资源政策趋于成熟和完善的历史时期，后世的元、明、清林业政策的制定，都以两宋时期的政策体系为蓝本，区别只是在于侧重点及政策力度的区别。两宋的林业资源政策具有区别于其他朝代的特征。

首先，在两宋时期，林木资源政策的主要侧重点在于林木的培育而非保护。如前文所提到的，在两宋时期木材的利用方式已经基本确定，除用以修建宫室、寺院的皇木采办外，民用住房、日常生活及手工业所需的薪炭用量都与人口规模有着直接的关系。即便在两宋时期人口在顶峰时期已经过亿，由于对林业资源的过度开发和垦荒所造成的恶果也远非明清时期可比。然而由于少数民族政权环伺，宋朝时期领土狭小，这使得木材的供给十分紧张，政府自然而然地将林业管理的重点放在林木的培育上。宋朝法律规定："民种桑柘毋得增赋"，③ "耕桑之外，令益树杂木蔬果"，"其室庐、蔬韭及梨枣榆柳种艺之地，……除桑功五年后计其租，余悉蠲其课。"④ 可以看出，除关系农业生产及国家税收的桑柘种植外，国家对于其他林木的种植予以了大力支持。更为重要的是，可以看出不论是经济林、行道树或是堤岸林，林木培育的主要地区都是平原地带农耕文明兴盛之处。这说明相比于进入森林砍伐树木以满足对木材的需求，在人口压力尚不够大的情况下，在人们聚集的村落周边的区域植树造林成本更低，也仍然有足够的土地用来满足林木培育的需要。

两宋时期在南方地区尚未开发的原生森林也印证了这一点，尽管中原地带的雁荡山"采木之处，山谷渐深"，"齐鲁松林尽矣，渐至太行、京西、江南、松山、太半皆童矣"⑤，然而在四川、湖广、福建等地区，绝大多数森林资

---

① 徐松（辑）.宋会要辑稿·刑法［M］.北京：中华书局，2014.
② 司义祖.宋大诏令集［M］.北京：中华书局，1962.
③ 汪圣铎（点校）.宋史·食货志［M］.北京：中华书局，2016.
④ 汪圣铎（点校）.宋史·食货志［M］.北京：中华书局，2016.
⑤ 诸雨辰（编）.梦溪笔谈·雁荡山［M］.北京：中华书局，2016.

源均尚未开发，有两宋时期关于四川的记载道："多与蕃界相接，深山峻岭，大林巨木绵亘数千百里，虎狼窟穴，人亦不通。"①即便到了南宋时期，"福建漳州山林也有野象群时出危害农田。"②可见大面积原生森林仍然得以保存，侧面也可见得两宋时期的平原地区尚且可以承受人口的负荷，森林受到的破坏也十分有限，因而林业政策的重点在于平原地区林木的培育。在这一时期，政府出于水土保持、地区环境维护等生态保护考虑进行森林保护的意识还比较淡薄。

两宋时期林木政策的第二大特征，在于政策的详细和可执行性。这一时期的林业资源政策具有宋朝法律"大可含元，细不容发"的特征，对于林木的培育、保护和利用都形成了一套完善的政策体系，其详尽远非前代可比。明清时期，由于人地矛盾愈加激烈，对于木材的需求愈盛、森林的破坏愈重，因而政策法令较两宋时期更加完善，然而可执行性却远远下降。这一方面来自人口的爆炸式增长使得由政府主导对政策得执行和监管变得成本奇高且不能实现，也由于两宋法律独特的特点。两宋时期的法律政策具有"刑民不分"的特点，对于违反法律的处罚极其严苛，如宋朝法律规定，"各路系官山林辄采伐者杖八十"，"墓田及田内林木、土石不许典卖及非理毁伐。违者，杖一百。"③严刑峻法固不可取，却也有效地确保了政策的执行。此外，对于衡量官员政绩制定的严格检查制度也起到了积极的作用，两宋法律除规定百姓履行一定数量的植树任务外，对于数目的存活率也有要求，规定地方官员对植树造林进行监管，"活不及数者罚，责之补种。"④这种严厉而有效的政策，离不开垂直管理的治理结构，每一层官员的工作都受到上级的直接管理，不同的部门之间还存在严密的互相监督，这样的模式可以极大减少"委托－代理"问题。但与此同时，这种垂直的治理模式需要庞大的官僚机构来维系，各部门间权力的交叠也导致了在一些事务上的权责不清，导致人浮于事，也导致政府面临沉重的财政负担。更加重要的是，这样细致而全面的政策得以实施，主要由于宋朝的人口尚且控制在一定范围内，垂直管理的收益高于成本，因此这样的管理模式仍然是有效率的。

---

① 汪圣铎（点校）.宋史·食货志［M］.北京：中华书局，2016.
② 徐松（辑）.宋会要辑稿·食货［M］.北京：中华书局，2014.
③ 徐松（辑）.宋会要辑稿·刑法［M］.北京：中华书局，2014.
④ 汪圣铎（点校）.宋史·食货志［M］.北京：中华书局，2016.

除上述所提到的两点特征外，笔者在第三章提到两宋时期"不抑兼并，土地私有"的政策对于后代林业资源的利用和保护也产生了颠覆性的影响。两宋时期土地的私有权以法律的形式肯定下来，大批农民将开荒所得的土地纳为私有成为自耕农，由于力量十分薄弱，使得每户所获的土地十分有限。而不抑兼并的政策使得大片土地为豪富所占有，富豪将之转租给小农，中国古代的封建租佃制自此走向成熟。不论是自耕农还是佃农，拥有的土地都十分微薄，因而小农经济在两宋时期开始成了中国封建社会主要的农业生产方式。从宋朝开始，土地的私有产权被从法律形式上肯定下来，小规模私有产权的排他性决定了农民对于土地的使用权和收益权得到了充分发挥，因而从生产效率角度来说是最高效的模式。与庄园经济相比，小农经济更能调动农民的生产积极性，小农生产更具效率。然而小规模私有产权的界定决定了小农经济抗风险的能力极差，这使得小农更加关注个人利益、短期利益甚于集体利益、长期利益，他们将目光局限在自己私有的土地上，对于他人和社会利益的漠视使得小农经济具有极强的负外部性，这对于环境的保护尤其明显。在两宋小农经济形成之前，中国在魏晋南北朝至隋唐阶段，先后经历了庄园经济与寺院经济的兴盛，不论是簪缨世族或是僧侣，均拥有过大量可支配、类型丰富的土地和资源。因而相较于小农，他们具有更强的合理配置资源能力和环境保护的意愿，使得林业资源得到了极大保护。魏晋南北朝时期的私人园圃众多，据北周庾信的《小园赋》记载："余有数亩敝庐，寂寞人外，……桐间露落，柳下风来，……榆柳两三行，梨桃百余树，……草木混淆，枝格相交。"[1]西晋石崇在河阳修建金谷园，其中"杂果庶乎万株"，[2]寺院经济兴盛时的长安清禅寺，"竹树森繁，园圃周绕，水陆庄园，仓廪碾硙。"[3]可以见得由于拥有的土地面积庞大、类型众多，土地的所有者不仅可以充分发展规模经济，还可以根据特点对土地进行因地制宜的开发和利用，也具有较强的林木保护意识。自两宋开始，小农经济占据了最主要的地位，小农经济的掠夺式发展为随后的林业资源造成了不可估量的破坏，也对明清时期的林业政策制定也造成了巨大影响。清朝康熙时期，下令"着停止川省采运"，雍正帝下诏免除"狐麂兔狸皮、山羊毛、课铁、黄栌、榔、桑胭脂花

---

① 庾子山集注。
② 全晋文·卷33·金谷诗序。
③ 续高僧传卷29·慧胄传。

梨南枣"①的进献，这主要是出自对森林资源枯竭的无奈之举。

4.4 元代的林业资源政策

元代的林业资源政策，延续了两宋时期所建立的法律体系和管理结构。在中央设司农司，专设劝农官负责植树造林事务，地方的林业管理则主要下放给地方官员，对其政绩进行考核，具体方式为"所在牧民长官提点农事，岁终第其成否，转申司农司及户部，秩满之日，注于解由，户部照之，以为殿最。又命提刑按察司加体察焉"。②从政策上来说，仍然延续了两宋时期培育和保护政策的基本内容。

由于蒙古人逐水草而居的游牧属性，使得为历代汉族统治者所重视的农桑受到很大破坏，大量桑枣林或遭牲畜破坏，或被夷为平地改作牧场，因而元代统治者一再对毁坏桑柘等破坏农业生产的行为进行了申斥，元成宗就颁布政令，"纵畜牧损禾稼桑枣者，责其偿而后罪之。"③诸如此类的政令已经在第三章种进行了详细的讨论，在此不作赘述。可以想见元朝政府对于破坏桑、枣、柘等经济林木一再予以制止，正是由于破坏愈盛，则禁令愈严。此外，元代还延续了两宋植树造林的政策，然而由于元朝政治的种种弊端，不论是培育或是保护政策均未得到很好的执行，直到元朝末年，贵族纵马毁林的行为还数见不鲜，对于经济林的营造，"虽然每年申报种植株树，但大都官样文章，类多不实。"④可见就政策的执行效果来看，与两宋时期相差甚远。

延续了蒙古人一贯对于野生动物的保护政策，因而元朝政府非常重视禁止狩猎的法令。元世祖至元二年，下令"申京畿禁狩猎"，至元十六年，又重申"诏禁归德⑤、亳、寿、临淮等处狩猎"，至元二十八年规定对于破坏禁令者"没其家资之办"，⑥封山是禁止狩猎的常用手段，然而对山林的封禁政策元代执行得并不彻底。元代林业政策最大的弊病，在于将森林的开禁作为赈灾的手段。由于蒙古人的游牧属性，使得其缺乏对山林重要性的认识，加

① 清实录·清圣祖实录 [M].北京：中华书局，1985.
② 宋濂.元史·食货志 [M].北京：中华书局，2016.
③ 宋濂.元史·食货志 [M].北京：中华书局，2016.
④ 陈登林.中国自然保护史纲 [M].哈尔滨：东北林业大学出版社，1993：124.
⑤ 今河南省商丘市。
⑥ 宋濂.元史·世祖记 [M].北京：中华书局，2016.

之在元代存续的近百年时间中，天灾频繁，每遇荒年，元朝政府往往颁布山林的弛禁之令，以此作为救灾的重要手段。仅成宗在位的 13 年时间内，就发生天灾 12 次，每次均开放山林令灾民进山谋生。分别于大德四年于湖北畿弛山川之禁，大德五年由于饥荒弛禁，又分别于七、八、九三年"弛山泽之禁，听民采补"①，武宗年间更是"诏天下弛山泽之禁"。此后的仁宗、英宗和顺帝在位时，都屡屡颁布禁弛之令以缓解灾荒造成的压力，大批灾民涌入森林，对森林资源和生态环境造成了极大的破坏。

4.5 明清时期的林业资源政策

明清时期沿用了两宋时期确立的林业资源政策体系，由于小农经济的掠夺式发展和人口的膨胀，森林及林业资源遭受了极大破坏，使得政府被迫将林业资源的管理由培育转向保护，保护政策之详细超过两宋时期。在这一时期，政府逐渐意识到了滥砍滥伐所造成的环境破坏对于经济、社会所产生的恶劣影响，对于森林资源的价值进行了重新定位，一再颁布禁山条令等政策对于林业资源进行保护，清政府更是在"龙兴之地"东北进行"四禁"②，然而终究无法抵御人口增长的压力，政策的执行收效甚微。尤其是清后期以后，西方列强攫取了东北等地林场的开发权，肆意砍伐森林，对于林业资源和生态环境造成了严重破坏。

4.5.1 小农经济与森林的破坏

如前文所提到的，两宋时期我国已经形成了以小农经济为主体的生产方式，小农经济具有生产效率高的优势，然而规模小、抵御天灾人祸造成的能力极弱，加上土地私有造成的以邻为壑、漠视社会利益的传统，使得小农经济对于环境产生了巨大的破坏。由于人口规模尚且未超过环境的承载能力，因而即便在黄河中游的部分山区，在宋元时期也尚有森林密布，"吕梁山的岚州、离州、和岢岚③均产松柏。北宋兴建京都汴梁宫殿的木材就是取之于此

---

① 陈嵘. 历代森林史料及民国林政史料［M］. 金陵大学农学院森林系林业推广部。
② 即禁止采伐森林、禁止农垦、禁止渔猎和禁止采矿。
③ 今山西省岢岚县。

地。"①横山山脉也植被茂密，"自鄜延以北，多土山柏林。"②小农的掠夺式生产方式对环境产生的影响在明清时期逐渐显现，作为中国古代最主要的木材消耗，日常生活所需的薪柴、建造房屋所用的木材以及手工业所需的薪炭都与人口直接挂钩，这使得在明清两代木材的消耗远非宋元可比，木材需求的缺口加剧了对树木的砍伐力度，对森林造成了巨大的破坏。

　　更大的破坏来自人口增长所带来的人地矛盾。人口的增长势必需要更多的粮食，在精耕细作的农业技术发挥到极致的明清时期提高亩产增加粮食的供给已经十分有限，因而必须增加农作物的种植面积。耕地的开发自然伴随着自然植被的破坏，人口增长越快，自然植被也就消失得越快。由于平原地区已经无地可种，在明清政府垦荒政策的支持下，一大批流民进山垦殖，这些人被称为"棚民"或"寮民"，棚民的出现最早可追溯到明朝中叶，他们采用刀耕火种的原始开荒模式，以种植菁或麻为业。到清朝乾隆时期，棚民已遍布大江南北的十四个省份，凡有未经开发的高山森林，均有棚民出现。他们"画地开垦，伐木支椽，借杂粮数石作种"，③以种植玉米、蓝靛为生。后"携妻提子，世居于此，则俨然土著矣"。④在巨大的人口压力下，各地的林区也很快开辟一空，南郑⑤地区"昔之深山大林概为熟地"⑥，汉阴的山地"所垦者十之八九"⑦……小农经济的破坏性随着数以百万计流民的进山开垦迅速地显现出来，森林以前所未有的速度迅速消失。明朝中叶，疆域内的森林仍十分茂密，"南自凤凰山起，西至居庸关，东至苏家口，北至黄花镇"，"林树戟列，森翠郁苍，四时无改"。⑧军都山仍"重岗复岭，蹊径狭小，林木茂密"。⑨到了清朝中叶，很多地区的森林资源已经由于垦荒消失殆尽，凤县"跬步皆山，数十年前尽是老林，近已开空"，紫阳县⑩"深山邃谷到处有人，

①　陈登林.中国自然保护史纲［M］.哈尔滨：东北林业大学出版社，1993：106.

②　汪圣铎（点校）.宋史·宋琪传［M］.北京：中华书局，2016.

③　三省山内风土杂识。

④　彭雨新.清代土地开垦史［M］.北京：农业出版社，1990：141.

⑤　今陕西省汉中市。

⑥　光绪平利县志卷8·土产。

⑦　嘉庆汉阴厅志卷9。

⑧　明会要卷205.

⑨　陈子龙.明经世文编卷63［M］.北京：中华书局，1997.

⑩　今山西省紫阳县。

寸地皆耕……向之蔚然森秀者，今已见其濯濯矣。"①全国各地遭到棚民入侵的深山老林不计其数，连在明朝时尚且多合抱之树的甘肃，在清代亦"山皆土峰，不见石。至安定境，绝无树木，草亦憔悴"。②可见森林资源破坏之严重。

4.5.2 明清时期林业思想的转变与环境保护政策

明清时期，统治者对于林业资源、尤其是森林资源的看法发生了较大转变，尤其对于林业资源的重要性有了新的认识，尤其是在人口增速迅猛的清朝时期，由于人地矛盾所导致的资源稀缺，统治者对于如何利用林业资源有了更加多元化的认识，民间的有识之士对于森林在涵养水源、保持水土、预防自然灾害等方面有了一定认识，逐渐开始关心森林资源在环保中的作用。

中国自古就有以农为本的传统，至明清时期，桑、枣、果树、茶等经济林的种植是农业的一部分这种观念已经得到了广泛认可，尤其是在清朝前期的帝王都颁布诏令鼓励林业的发展：顺治十二年，政府下令民间种植桑柘榆柳补充粮食作物的不足，对于盗伐他人林木者，按照律例进行处罚。③康熙十年，政府颁布法令督促地方巡抚劝课农桑的活动，保证"勿违农时，勿废桑麻"④。这些政策的出发点大体和两宋政府没有区别，均是将经济林的种植作为农业一部分着力发展的体现。然而与前代相比，明清时期对于鼓励林业的培育有了新的认识。从一方面来说，清朝统治者认识到了发展林业对于因地制宜利用土地的重要性。1738年，乾隆皇帝发布政令，肯定了官员在河南开展的培育经济林的举措，并对于其能"各就土性所宜，随处种植"⑤进行了褒赏。1744年，又做出了批示，指出京畿诸地的土地适合枣树的种植，而河北诸地则适宜种植桃、梨等果树，杨柳、榆树等则事宜在中在河洼碱地。⑥由此可见，乾隆皇帝对于根据不同的自然区位和环境进行作物选择的因地制宜思想认识很深，这在一定程度上可以避免"一刀切"所带来的政策无效。从另一方面来说，至明清时期，人们对于发展林业的经济效益有了更加清晰的认知，例

---

① 张建民.明清农业垦殖论略［J］.中国农史，1990（4）：22-23.
② 皋兰载笔.
③ 大清会典事例卷168［M］.
④ 清世宗实录·卷16［M］.
⑤ 大清会典事例·卷168［M］.
⑥ 大清会典事例·卷168［M］.

如樊宝敏在《中国森林生态史引论》一书中，引用了俞森①的《种树说》一文。樊宝敏指出，（俞森）"对林业的效益已有了全面的认识，将种树的好处概括为'八利'：高产、抗灾、足薪、屋材、器用、护堤、蚕桑、防沙。"②其中的前六种均为经济效益，可以看出明清时期对于林业资源的经济价值认识大大加深了。

明清时期，统治者继续推行在河堤植树、兴修水利等政策，希望通过这种方式减少水患，然而他们并未意识到，治理下游河道壅塞、改道和洪水泛滥的根本在于解决上游植被破坏、水土流失的问题，他们的思想存在着很大局限性。然而明清时期，一些有识之士已经认识到了森林破坏同水旱等灾害之间的关系，并提出了一些较为科学的论断。例如，乾隆时期的梅曾亮③就考察了砍伐山林对生态环境造成的弊端，他指出"未开至善，土坚石固，草树茂密，腐叶积数年，可二三寸，每下雨从树至叶，从叶至土石，历石鳞，滴沥成泉，其下水也缓，又水下而土不随其下，水缓，故低田受之不为灾。而半月不雨，高田犹受其禁溉。今以斤斧童其山，而以锄犁疏其土，一雨未毕，沙石随下，奔流注壑涧中，皆填污不可贮水，毕至洼田中乃止；及洼田竭，而山田之水无继者。"④详细说明了森林资源在防止水土流失、涵养水源进而保护农田中所起的关键作用。此外，同为乾隆时期的鲁仕骥⑤，也在《备荒管见》中提出了山林破坏对于下游农田的影响，指出由于缺乏植被保护，泥沙随山洪倾泻而下，使得原本肥沃的土壤变得贫瘠。⑥尽管这样的认识还并未被广泛接受，但对于潜移默化导致明清时期的林业政策向林业保护倾斜有一定关系。

就具体的林业政策来说，在明清时期有意识从环境保护、灾害防治目的出发的林业保护政策较前朝有所增加，例如光绪年间，陕甘总督陶模制定了《劝谕陕甘通省栽种树木示》，总结了植树造林具有"免沙压而减水害""化碱为沃，引导泉流""调和泉流""收秽气，吐清气""阻风势而御冰雹""安邑

---

① 俞森，生于康熙年间，浙江钱塘人，著有《荒政丛书》。
② 樊宝敏.中国森林生态史引论［M］.北京：科学出版社，2007：93.
③ 号伯言，乾隆时期圣人，著有《书棚民事》一书。
④ 梅曾亮.柏枧山房全集·书棚民事［M］.上海：上海古籍出版社，2012.
⑤ 字洁非，江西新城人，乾隆朝辛卯年进士，著有《山木居士集》。
⑥ 皇朝经世文编卷41·户政十六荒政［M］.

种枣，富比列侯"①的六种好处，其中前五种均是出于对生态环境的考虑。出
于这些利处，主张当地士绅乡民积极响应种植各类数目，并给与了种树者减
免税赋的优惠政策。在陶模的影响下，福建省制定了《福建省劝民种树利益
章程》，从林地产权、种植种类、林场管理、奖惩细则等方面进行了详细约
束。其中规定，百姓可以通过民契获得山林的所有权，并可以获得在无主官
荒种植树木的权力。《章程》详细规定，认领无主官荒的百姓须以五年为限，
随时补种、维护数目，否则将被视为无主荒地，所有权归后来的开荒者所有。
这代表着地方政府肯定了开荒种树者对于土地使用和收益权的肯定，这是一
种近似的私有产权（不具备所有权），通过私有产权的确立给予开荒者更大的
激励，提高生产效率。

此外，明清时期由政府指定的林业政策还从护林碑中体现出来。根据樊
宝敏的考证，在清前期（1660—1840 年），共发现 47 通护林碑，其中的 15
通为官府所立，其中的一通为顺治帝所立，即在长陵前②树立的护林碑，由于
十三陵树木遭到严重砍伐，顺治帝下令树碑令"现存树木永禁。"其他的十
余通则为地方官员所立，除此之外，还存在一些官民合立的护林碑，主要是
与护林相关的乡约受到地方官的批准后准予刻录，或民间自发将护林法令镌
刻于石上。总体来说，明清政府在林业保护做出了一定努力。

4.5.3 日益严格的森林保护政策——森林封禁区的建立

面对森林资源所遭受的日益严峻的破坏，两宋时期强调培育为重点的林
业政策不再适应要求，因而尽管明清时期延续了两宋所形成的林业资源政策
体系，在这一时期政策的重点则在于林业资源的保护。《大明律》《大明律诰》
和《大清律》中，存在大量与森林资源破坏相关的条款。可以说明清时期随
着人口的增长和森林破坏导致的危机，政府的林业管理政策愈加严格，其中
森林封禁区的建立是典型的特征。中国除明清以外的历代政府出于各种原因，
对一些地区的山林都屡有封禁，但与明清时期尤其是清代的封禁规模仍有较
大差异。

明清时期森林封建区的代表是清代木兰、盛京、吉林和黑龙江四大围场

---

① 樊宝敏 . 中国林业思想与政策史［M］. 北京：科学出版社：94.
② 即十三陵中的明成祖陵。

的建立，清政府将围场列为皇家狩猎禁区，每年秋季在此围猎，演兵习武。从另一方面看，围场的建立类似于现代的自然保护区，其中草木繁茂，各种珍贵的动植物栖息于围场。根据记载，"围场为山深林茂之区。历代之据有此地者皆于此驻牧，自古多未垦辟"，"围中及西北一带则大木参天，古松蟠荫，千百年来，绝鲜居民之迹。"① 可以看出围场建立之地自然环境优美，植被茂盛，森林资源鲜遭破坏。这些围场的修建固然是为延续"行围肄武"② 的旧习和满足统治者对于享乐游猎的需求，但也同样出于对森林和自然环境破坏的担忧，意欲保留未遭破坏的清净之地。清朝政府对于围场的管理非常严格，为防止周边的百姓进入围场，政府下令在边境修建柳条边。乾隆皇帝曾直接下令："近省流民至者，不可不防其垦占。每于边界依谷口植柳为援，以示限制"③，并在围场四周派驻官兵把守。对于私人进入围场砍伐树木、偷打牲畜的行为处罚十分严厉，"凡私入木兰等处围场及南苑、偷盗菜蔬、柴草、野鸡等项者，初犯，枷号一月……若盗砍木植偷打牲畜、及刨挖鹿窖，初犯，杖一百……"④ 此外，对于每年行猎所应遵循的时令、采捕对象和尺度，康熙皇帝均做了详细的规定，以尽可能减少对围场内森林和动植物的破坏，维持生态平衡。围场的建立，对森林资源的保护起到了很大作用，但随着清中叶后管理的松弛，尤其是同治时期开围放垦的政策颁布后，也未能免除林木和动植物毁灭性破坏的结果。

　　清代另一有特色的封禁是对于东北地区的"四禁"政策。由于战争、天灾等因素，更因为越来越尖锐的人地矛盾，不断出现关内流民出关谋生的现状，这深深动摇了清朝政府保护"龙兴之地"的初衷。康熙时期，率先在长白山周围实行封禁政策，"将盛京以东，伊通州以南，图们江以北，悉行封禁。移民之居住有禁；田地之垦辟有禁；森林矿产之采伐有禁；人参、东珠之掘掳有禁。"⑤ 明确指出禁止对森林及珍稀动植物资源的破坏；乾隆皇帝一再颁布诏令，限制关内百姓通过山海关和海路进入盛京，同时"将果园、果林、围场、芦厂，于刈田后，再行明白丈量。百姓人等，禁其开垦。"⑥ 乾隆

---

① 围场厅志。
② 清高宗实录卷 613.
③ 钦定热河志卷 45·围场一。
④ 钦定大清会典事例卷 793·刑部·刑律盗贼部。
⑤ 海龙县志。
⑥ 清高宗实录卷 150.

三十九年，某官员从沈阳返回京师，目睹当地百姓滥砍滥伐的情况，建议雍正皇帝"嗣后树木茂密之区，除领有官票者 砍伐在所不禁外，其余樵采柴薪，只准削取枝柯已堪敷用。"① 此外，嘉庆朝也下令禁止采伐松子、蜂蜜等资源，说明清政府已经对由于人口膨胀所造成的森林破坏忧心忡忡，意欲制定更加完善的政策对于林业资源进行保护。

然而清政府的封禁政策成效寥寥，政策的可执行性极差。这一方面是由于人口的膨胀使得政府进行管理的成本极高，因而无法执行的政策成了一纸空文。更为重要的是，在巨大的人口压力面前，清政府的林业保护政策只能向垦荒政策让步。即便是在封禁政策最为严格的乾隆时期，面对内地遭受天灾的局面，乾隆帝也秘密允许流民出关谋食，谕令关口"如有贫民出口者，门上不必阻拦，即时放出，但不得将遵奉谕旨，不禁伊等出口情节令众知之。"② 嘉庆朝开始，逐步采取弛禁政策，清朝末期，封禁政策彻底解除，这样的变迁并非出自清政府本意，面临愈加严峻的人地矛盾，生存始终是第一位的，清朝政府所推行的封禁政策在强大的人口压力面前可执行性极差，且不得不进行了妥协和改变，这是诱致性的政策变迁。大批流民涌入东北地区，在林区乱砍滥伐、挖掘人参、破坏动植物资源，使得东北林区的森林资源也遭到了极大破坏。清末民初，"滨河及陆运交通便利的斜野林木半砍伐殆尽"③，长白山余脉的小白山区，则"运道较便，浓绿蔽野之杉棵松早被砍伐，行将相继告尽矣。"④……这样的记载在余树恒《调查松花江上游森林报告》中俯拾皆是，可见尽管清代林业资源政策更加严格完善，却成效寥寥，甚至连人口稀少的东北地区都难以幸免。

4.5.4 政策的补充——所有权变革和民间力量的强盛

可以看出，明清时期的林业管理政策经过数百年的发展，在严峻的环境问题面前变得更加严格而完善，然而执行、监察措施的缺位使得政策的可执行性极差，巨大的生存压力更使得政策变为一纸空文。和林业保护政策的苍白无力相对的是，以林场的私有制替代国家所有制极大提升了林业管理效率，

① 高朴奏为珍惜山场请禁伐树连根情形事。
② 清高宗实录卷 195。
③ 余树恒.清代边疆史料抄稿本汇编卷 6［M］.北京：国家图书馆，56.
④ 余树恒.清代边疆史料抄稿本汇编卷 6［M］.北京：国家图书馆，67.

地方、民间力量的介入填补了官方林业管理政策无法执行的真空地带，在林业保护和管理中起着越来越重要的作用。

明清之前，尽管私有林场已经存在，但产权归国家所有的林场数量庞大，可以满足对于木材的需求，因而私有林场的数量和规模都十分有限。明清时期，由于缺乏监管的手段，公有林场屡遭乱砍滥伐和垦荒的破坏，事实上相当于无主土地。日益枯竭的森林资源促进了私有林场的兴盛，其中以皖南地区最具代表性。据记载："（皖南）开地田少，民间惟栽杉木为生，三四十年一伐。"①林场所有者不一定亲自参与对林场的经营和管理，也可出租给他人。然而在租赁合同中，必须详细对种植树木的种类、密度等进行约定，不论险峻，不得抛荒。福建省同样具有建造私有林场的传统，据载"霞俗佃向主赁谓之承，主允佃租谓之判。一承一判，立约为凭。山林出产之日，主三佃七照分。"②其他省份也不乏私有林场的出现，根据"民国"七年的统计，甘肃省共有私有林 305678 亩，林木 144 万株。③私有林场出现后，林木的培育和保护效率得到了极大的极高。私有林场的市木成活率高，且对于破坏、私盗林木的行为具有有效的防范和管理。然而由于规模仍然十分有限，仍然难以遏制明清时期森林资源迅速流失的状况。

明清时期对于林业资源更加有力的管理和保护来自地方和民间力量。官方林业政策执行的无力和林业资源问题的迫在眉睫，使得各地自发地形成了地方性林业保护政策和相关的乡约民俗，这些地方性法规往往根据当地具体情况制定，体现大多数人的利益，因而在局部范围内具有很强的执行力和环保效果。明清时期，在各地出现了护林碑，这些护林碑部分出自官方，如十三陵中清代顺治皇帝所立的护林碑，然而更多的护林碑出自民间，仅在福建一省就陆续发现二十余通，其中包括个人、宗族、村寨和寺院所立。20 世纪 80 年代，在福建省南坪发现的护林碑就是典型的民间护林碑。碑文首先阐述了护林的必要性，指出"吾乡深处高林，田亩无多。惟此茂林修竹，造纸焙笋，以通商贾之利，裕财之源耳。迄今数年以来，斫伐不时，及致童山之慨。"又述保护山林之重要性，"定一时之规，树百年之计"，要求乡民"务

---

① 傅衣凌.明清社会经济史论文集［M］.北京：人民出版社，1982：208.

② 霞浦县志。

③ 向达之.论近代西北动植物资源开发的若干主要方向［J］.甘肃社会科学，1002（6）：106.

珍惜永念先人培植之功，宏开后世兴隆之业。"①其中对于砍伐的数量、种类、时令还进行了详细具体的规定。在明清时期人口膨胀、人地矛盾尖锐的情况下，官方组织进行执行和监管的成本极高，保护林木符合多数百姓的需求，因而由地方政府牵头，由有威望的乡绅和宗族首领主持进行的民间自发管理受到百姓拥护，具有很高的管理效率。这些乡绅和宗族首领的权力往往受到政府和地方官员的默认，某种程度上是作为政策执行的代理人而存在的，这种"委托 – 代理"模式在明清时期的地方林业管理中是高效的，可以极大减少管理成本、提高管理效率。此外针对区域独特情况所制定的地方性政策法规和相约民俗更适应当地情况，因而较普适性强的国家政策具有更强的可操作性，这进一步减少了政策执行的成本。因此，借助民间和地方力量是进行林业资源和环境保护管理的有力手段，是对官方政策的修正和补充。

4.6 结语

从两宋至明清时期，我国的林业资源政策经历了越来越成熟和完善的过程。关于林业管理基本的培育和保护政策框架在两宋时期已经基本形成。两宋时期的林业政策，较前代来说完善而详尽，与后代相比可执行性强且执行效果明显。元、明、清三朝均延续了两宋时期的林业资源政策框架，在此基础上，根据自身面临的情况政策有所侧重。由于蒙古人狩猎游牧的属性，元朝的林业政策侧重于对于破坏经济林和动植物资源的规避。进入明清时期，尤其是清中叶人口膨胀后，政府林业资源的重点放在森林的保护上，对于山林采取了更加广泛的封禁政策，林业保护政策也更加完善和严格。然而环境的破坏在由人口膨胀造成的生存问题面前显得微不足道，林业政策的调整几乎并未起到作用，面对愈加尖锐的人地矛盾，政府甚至不得不对政策做出诱致性的调整，放宽甚至完全放开山林的封禁政策。因而明清时期的林业政策从制度层面来看更加完善，然而从执行效果来说收效甚微。与此相对应的是，由于林业资源稀缺引发产生的林场私有权的出现，为解决政府缺位所引发的林业管理混乱提供了新的解决方案，而地方和民间力量在林业保护中的介入，填补了政策所留下的真空，发挥着愈加重要的作用。

---

① 陈浦如. 南平发现保护森林的碑刻［J］. 农业考古，1984（2）：260.

第五章　宋元明清的非正式环境制度——民间生态管理与保护

在前面的三章里，笔者抽取了土地、水和林业资源三个方面，目的在于将以农耕文明为主的中国传统社会最基本的关于生态破坏的逻辑链条理清。在这个链条中，人口增殖是起点，引发了耕地资源的短缺，通过改善灌溉条件是增强土地利用效率的重要方式，因而水资源的短缺伴随着人地矛盾而来。当地力的增长已经无法满足日益膨胀的人口，人们自发地涌入深山，对林业资源造成了破坏。这个简单的逻辑链条尽管不能涵盖宋元明清时期生态环境破坏的所有方面，但也可管中窥豹。从制度变迁理论来看，在漫长的封建社会时期，由于突破性技术革命引发的制度变迁是偶然发生的事件，尤其是两宋以来，稳定的生产力方式、生产关系及农业地理格局都已基本形成的情况下，耕地是最为重要的生产要素这个根本点始终未发生变化。因此制度变迁围绕土地稀缺性这个要素进行变化，在人口不断增加的状况下，土地的稀缺导致了其相对价格总体呈现出攀升的趋势，而耕地的稀缺对于水、森林和其他自然资源造成了较为复杂的影响：从一方面讲，一些资源作为耕地资源的替代品，例如具有较大价值的果树、茶及经济林的种植弥补了耕地不足造成的低收入，一些资源则作为耕地资源的互补品，耕地资源的生产效率与之息息相关，例如水资源。在人口增加的背景下，这些资源都会变得更加稀缺，人们往往用更加审慎的态度利用资源，是一种对资源的保护。而从另一方面讲，人口的膨胀使得这些资源作为替代品代替耕地变得不再有效，于是围湖造田、毁林开荒，对于资源造成了巨大破坏。因此归根结底，宋元明清时期的环境制度变迁是由资源的稀缺性决定的。

在对宋元明清时期土地、水和林业资源三方面政策的梳理中，笔者发现尽管对于不同的方面，政府在制定相关的政策时重视程度不同，但总体来说仅仅依靠各级官员执行力度是远远不够的，民间自发进行或在政府倡导下有意识进行的生态管理和保护发挥着重要的作用。尤其是明清以来，随着人口的膨胀和人地矛盾的愈发尖锐，政府对生态环境的保护进行直接干预管理的成本变得愈发高昂，连对于关乎民生和生产的水资源管理也逐渐下放至民间，为保护林业资源所制定地愈加严格的政策更是形同虚设。在形成较为完善地主要依靠民间自治的乡里制度后，宗族首领和有威望的乡绅自发承担起地方的生态环保事务，民间对于生态环境的管理和保护成为了正式的环境保护政策的辅助。

5.1 宋元明清环境政策的缺陷

总体来看，在中国两千多年的封建社会历史中，完全以现代意义上环境保护为目的制定的政策寥寥无几。中国即便诸如封禁、植树或是水资源的管理政策以环境保护为辅助目的，但大多服务于其他的政策需求，诸如清朝时期对于东北地区的封禁出于保护统治者"龙兴之地"的需要，而广种蚕桑、植树造林或出于提高生产，或出于保护堤岸，或出于巩固边防等目的。不论是发展经济获得最大化税收，或是保证国家安全、社会稳定（一种政府试图攫取的租金）都是封建国家最想实现的目标，是政府多重目标函数中最为关键的目标，与之相比，生态环境保护在大多数时候都是边缘化的目标，这就导致了由政府制定的环境相关政策具有很大的缺陷，在封建社会成熟稳定且人口迅速增长的宋元明清时期变得尤其明显。由于环境政策的诞生并非是有意识进行的，因而很难是科学成体系的；由于环境政策常常服从于其他政策目的，因而很难具有延续性；加之缺乏必要的执行和监管，环境政策常常成为一纸空文。

5.1.1 缺乏科学性和系统性

宋元明清时期，由政府所制定的生态环境政策的首要缺陷，在于缺乏科学性和系统性，这主要是由于落后的技术水平以及统治者的有限理性决定的。一方面，在农耕社会，虽然资源消耗、生态破坏和环境污染也广泛地存在于农业和手工业的生产中，但与进入工业社会之后所造成的破坏不可同日而语，亦从未造成过如洛杉矶光化学污染、伦敦烟雾污染等严重的生态灾难。另一方面，由于生产力水平的低下，人们对于生态环境的重要性近乎没有科学的认识，科学和技术的匮乏使得人们很难理性面对环境问题，这就进一步导致了统治者在处理与环境相关事务上的有限理性。①因此，中国历朝政府对于环境政策都采取较为漠视的态度，这使得在中国古代从未出现过完整、成体系的环境法。有关环境保护的政策零星分布在农业、国防、社会政策中，这决定了环境政策很难具有科学性和系统性。

中国自古就是幅员辽阔的国家，即便在国土最为逼仄的南宋时期，也拥有北至淮水，经唐、邓至秦岭大散关②一线，西南与越南为界的近两百万平方公里的领土，各地区的地形、土壤、气候、水温条件差异显著，这使得政府从宏观层面制定环境政策变得异常困难。环境政策的制定，往往是吸收一个地区成功的治理经验，推广至更大的区域范围内。这样"一刀切"的环境政策，一旦与地方的自然条件不相适应，往往会造成灾难性的后果。例如，两宋时期，平江府③水患频发，《宋会要辑稿》对平江水患的治理具有详细的记载："浙江诸州，平江最为低下，而湖常等州之水皆归于太湖，自太湖以导于松江，自松江以注海，是太湖者三州之水所潴，而松江者又太湖之所泄也……昔人于常熟之北开二十四浦疏而导之扬子江，又于昆山之东开一十二浦分而纳之海，两邑大浦凡三十有六，而民间私小径港不可胜数，皆所以决壅滞而防泛滥也。"④以向湖海排积涝为主要方式，不仅有效地减少了水患地发生，也成功地改造了低洼地，围湖造田取得了卓越成效。这样的方式受到了政府的鼓励和提倡，宋徽宗时期，平江府司户曹事赵霖奉召在常熟的常湖和秀州的华亭柳进行的围湖均取得了一定成效。然而在浙西的一些地区，围湖造田工程"往往只求近功，不计长远后果；围湖的目的，又往往多在得田而不在治水。"⑤因而不仅未得治水之功，反而造成了河道的混乱和淤积，加重了当地的水患。而在江南地区东路，两宋政府大力支持圩田的修筑。著名的永丰圩、万春圩均在政府主持下修建，政府对修筑圩田给予了人力、财力和物力的支持，圩田在防洪抗涝、提高产量上具有很大优势，范仲淹在诗中盛赞了圩田的高产："圩田岁岁镇逢秋，圩户家家不识愁。夹路垂杨一千里，

①　有限理性，是相对于绝对理性而言的经济学概念。新古典经济学中的基本假设是所有的经济参与者都是理性经济人，在拥有完全信息的情况下做出完全理性的决策，这是一种没有交易成本的零摩擦社会。承认交易成本的存在、信息的不完全和人的有限理性是新制度经济学对于新古典经济学的突破。

②　分别为今河南唐河、河南邓县及陕西宝鸡。

③　今江苏省苏州市。

④　徐松（辑）.宋会要辑稿·食货［M］.北京：中华书局，2014.

⑤　宁可.中国古代史教学参考论文选·宋代的圩田［M］.北京：北京大学出版社，1979：498.

风流国是太平州。"①而脱离了政府监管和详细规划，违背自然规律建造的私圩，建于水流要害之处，对于排水造成了巨大的阻碍，政和圩周边"山水无以发泄，遂致冲决圩岸"；永丰圩"横截水势，不容通泄，圩为害非细"。②

事实上，封建国家政府所制定的环境政策大多并未经过科学的论证，不考虑地区差异"一刀切"的政策常常没有效果甚至适得其反。归根到底，这是由当时的科学技术水平决定的。一方面来说，灾害的防治和环境的治理是一个系统性工程，需要科学技术来保证，例如现代水利工程的兴修和河道的疏浚离不开材料科学、生物工程以及大型机械所提供的技术保证，这使得很多环保政策无法从技术上实现。更加重要的是，科技的落后导致了从统治阶级到平民百姓对于生态环境保护的认识具有很大的局限性，因此导致了统治者在政策的制定层面具有有限理性，也导致了政策的执行成本极高，常常难以得到实施。

5.1.2 环境政策服务于其他政策

由于统治者的有限理性，他们往往难以意识到环境问题在经济和社会长远发展中的重要价值，因此对于环境保护政策采取漠视的态度。从某种意义上讲，单一的生态环境保护几乎从未真正被纳入统治者的"目标函数"，事实上，封建国家所制定的环境政策往往服务于其他政策，或仅仅是出于非环保目的政策的附庸，而恰好得到的对于生态有益的结果更多是其他政策执行所带来的一种正的外部性。以鼓励植树的政策为例，万春圩③两岸"夹堤之脊，列之以桑，为桑若千万"，"榆柳成行，望之如画"④，"黄、汴河两岸"，"课民多栽榆柳"⑤，植树是为保护堤岸；明朝时有"陵寝所在山场树木，俱宜爱护培养，如有奸人盗伐，务查究典守之罪"⑥的规定，历朝历代统治者对于毁坏皇陵及大臣墓园附近山林的处罚都极其严厉，这不过是出于维护统治阶级私人利益的需求；宋神宗令"安肃、广信、顺安军与保州，令民即其地植桑榆或

---

① 范仲淹.诚斋集卷32·过广济圩［M］.长春：吉林出版社，2005.
② 徐松（辑）.宋会要辑稿·食货［M］.北京：中华书局，2014.
③ 位于今安徽省芜湖市。
④ 沈括.长兴集卷12·万春圩图记［M］.
⑤ 汪圣铎（点校）.宋史·余良肱传［M］.北京：中华书局，2016.
⑥ 明世宗实录卷105。

所宜木",① 是为巩固边防,抵御辽军的铁骑……

前面提到,宋元明清时期的环境政策缺乏科学性和系统性,这一点在环境政策与关乎政府切身利益和自身统治的经济、社会和国防等问题发生冲突时变得更加严重。在中国古代绝大多数政权稳定、国家统一的历史时期,政府往往是强有力的,也几乎未曾面临过竞争对手的威胁②。而根据诺斯的观点,在缺乏竞争对手的前提下,统治者会更加倾向于成为"暴君",统治者所偏好的政策目标更倾向于政治目标的最大化,而非社会福利的最大化。于是很多情况下,中国古代统治者以牺牲环境利益为代价,来达到其他的政策目标。两宋以来,由于植被和环境的破坏,黄河从中上游携带大量的泥沙在下流淤积,河床抬高,加剧了决溢泛滥的灾害,黄河成为统治者生态环境治理和灾害防范的一大重点。1048 年,黄河在澶州③商胡埽决堤,一路经恩冀④诸州,浩浩荡荡向北自干宁军(今河北青县)入海。1060 年,黄河又在魏县决口,自德、沧向东再次改道,自此黄河分为两股。由于缺乏科学的治理河流泛滥的方法且技术水平落后,在宋廷内部针对黄河的治理存在着截然相反的观点。一派主张开六塔河,使黄河河水重新回到东流的故道,以欧阳修为代表的另一派则以"开河如放火,不开如失火,与其劳人,不如勿开"⑤为理由,主张放任黄河河水分为两流,只需对河流泛滥进行防治。然而河水分流使得径流量减少,水势减弱后河道的淤积变得更加严重,人工开挖河道两流并一流是势在必行的。客观上讲,闭塞北流将黄河导入原来的东向河道是最为科学的治河方式,王安石就指出,当黄河向东并为一流"公私田皆出,向之泻卤,俱为沃壤","河北自此必丰富如京东"⑥事实上,在王安石倡导下黄河并为一流,也确实出现了他所预计的情况,足可见使得黄河改归故道是较为科学的做法。然而宋廷对于黄河治理的政策并非一致的,如嘉佑元年,为使黄

---

① 汪圣铎(点校).宋史·程师孟传 [M].北京:中华书局,2016.

② 在这里的"竞争对手",不包括对于王朝虎视眈眈的少数民族政权或其他可能颠覆政权的团体,而是类似于欧美国家不同政党之间的关系。他们同样具备上台执政的权力,执政党若不能令民众或利益集团满意,则可通过"用脚投票"的方式令其他政党上台。而农民起义者、少数民族政权并不能定义为这一类"竞争对手",在他们通过战争方式颠覆就有皇权之前,他们的行为是非法的。而防治皇权的颠覆相应是历朝封建政府最重要的政治目标。

③ 今河南省濮阳市。

④ 恩州、冀州在北宋时期同属河北东路。

⑤ 汪圣铎(点校).宋史·河渠志·黄河中 [M].北京:中华书局,2016.

⑥ 汪圣铎(点校).宋史·河渠志·黄河中 [M].北京:中华书局,2016.

河改向东流堵塞商湖①决口的尝试失败，倡议者李仲昌流放英州②，其他相关官员也受到不同程度的惩罚，因此官员在黄河的治理问题上"多以六塔为戒"，惧怕提出回河东流的主张。由于向东令黄河改归故道难度高、风险大、耗资多，这种较为科学的治河方案屡屡被放弃。更为重要的是，在此之前黄河经常向南改道，对于北宋的都城东京（今河南开封）及其统治的核心腹地造成了严重威胁，黄河突然向北改道使得政府发现放任黄河向北改道河北是对于巩固统治更加有利的决策：不仅使得京畿及周边地区免于洪水侵袭，又缓解了由于在河北治理黄河泛滥造成的财政负担。在这样的政策下，河北百姓成了黄河改道的牺牲品，由于黄河改道和泛滥饱受磨难。从这里不难看出，保证政权的稳定是历代统治者最关心也最为重视的首要目标。

事实上，政权的稳定在大多数时期也确实是符合社会福利最大化的基础条件。统治者所希望达成的租金最大化和税收最大化的目标，虽然经常存在矛盾，并令统治者做出有所偏废的目标选择，但通常来讲理性的统治者不会以完全牺牲经济目标（税收既社会福利最大化）为代价实现政治目标（垄断租金），反之亦然。因此尽管历朝政府对于环境保护都未引起足够的重视，却依旧兼顾了环境保护的目标。然而主权的沦丧往往意味着对于经济和社会各方面的致命打击，环境目标也是其中之一。例如，尽管在人口激增的清代，森林资源遭受到了极大的破坏，然而至1840年前，我国东北和西北地区仍然保有大面积的森林，包括大兴安岭、小兴安岭、长白山在内的森林仍然保护完好，"阿尔台③山联峰沓嶂，盛夏积雪不消，其树有松桧。"④然而自鸦片战争之后，帝国主义列强通过不平等条约侵占了中国大片领土，攫取了大量未开发的林地。例如，分别于1858年和1860年签订的《中俄瑷珲条约》和《中俄北京条约》，将超过百万平方公里土地拱手让于沙俄，其中的森林占6819.7万平方公里。随后所签订的《勘分西北界约定》以及《马关条约》等也将大片森林置于列强控制之下。此后，中国的森林资源受到了列强的大肆砍伐和掠夺。根据樊宝敏估算，在鸦片战争之后的71年时间里，森林覆盖率由17%下降到14.5%，森林蓄积量的减少更是难以估算的。清朝后期的森林破坏达

---

① 今河南省濮阳市昌湖。

② 隶属真阳郡，位于今广东省广州市。

③ 今阿尔泰山。

④ 朱玉麒.新疆图志［M］.上海：上海古籍出版社，2017.

到了有史以来的最高峰。①

此外，环境政策服务于其他政策目标，使得环境政策很难具有延续性，经常朝令夕改。统治者为维护其统治和自身利益，往往将环境保护放在其所关注的亟待解决的其他问题之后，头痛医头，脚痛医脚，漠视由于环境破坏造成的长远问题，这依旧可以部分归结于统治者的有限理性。在第五章中，笔者已经提到从北宋至清，统治者对于森林资源的重视程度是在逐步提高的，林木的培育、利用和保护政策也变得越来越严格。为保护满族发迹的"龙兴之地"，也出于对生态环境破坏的担忧，满清政府对于东北和西北边疆实行封禁政策，四大围场的建立也类似于今天的自然保护区。然而随着人口的爆炸式增长，人地矛盾空前尖锐，每遇水灾、旱灾、蝗灾、地震等自然灾害，往往会引发局部甚至大规模的社会动荡，农民起义频发，威胁社会的稳定和清政府的统治。为解决百姓的生计问题，清政府被迫放松对于封禁政策的控制，即便对于封禁最为严格的乾隆皇帝也默许了关内流民出关谋食的行为。从康熙至乾隆朝，对于边关和围场封禁的环境保护和对于开荒的鼓励和默许交迭发生，使得本身受到漠视的环境政策更不具备延续性。

5.1.3 环境政策的执行效果差

正式环境政策的第三大缺陷，在于政策的执行效果差，这在明清以后变得更加明显。环境政策的难以执行首先源于上述提到的两点原因：由于环境政策并非是系统而科学的，"一刀切"的环境政策并不适宜在所有地区推广，因而会遭到当地百姓的抵触；环境政策的朝令夕改更使得地方官员和百姓无所适从。然而环境政策无法推广实施，更为深层的原因是依靠政府进行生态环境的管理成本极高。在农耕社会，以自然村为单位的乡村零星分布，具有天然的独立性。封建国家若想将权力渗透至农村，需要建立非常庞大的地方基层官僚机构，不仅会给封建政府带来沉重的财政负担，而且效率极其低下。正如前文所提到的，两宋时期的环境政策以其完备性和可执行性为特征，两宋政府将兴修水利、植树造林、环境保护均列为地方官员政绩的衡量因素，然而冗官冗员也是宋代官僚机构的一大弊端，甚至成了宋王朝灭亡的一大诱因。明清时期，随着人口的爆炸式增长，地方基层官僚机构治理成本之高昂、

---

① 樊宝敏.中国林业思想与政策史（1644～2008年）[M].北京：科学出版社，2009：64.

效率之低下使其在对地方环境保护事务进行管理上丧失了作用。不论是水资源、土地还是林业资源的管理，都越来越依靠民间力量。

此外，两宋之后一家一户的小农生产模式也是官方的环保政策无法执行的重要原因。由于生产规模较小，小农抵抗风险的能力较差，每遇天灾人祸，往往丧失了最重要的生产资料——土地，成为流民。乾隆、嘉庆两朝大量流民涌入山区。他们以最为野蛮、原始的刀耕火种式的生产方式，破坏了原有的森林和植被，种植玉米和蓝靛。由于缺乏植被的保护，这些地区的水土流失问题严重，一些土地仅仅耕作数月就因大雨的冲刷变成裸露的岩石，被迫废弃。因而棚民不断前移，"今年在此，明年在彼，甚至一岁之中迁移数处。"①由于迁移频繁，他们只搭盖简易的棚寮居住，极少建造永久性的住宅，这使得政府进行管理变得更加困难。由于小农的狭隘性，他们只关注短期的自身利益，即生存问题，对于环境破坏采取漠视的态度。因而棚民每到一处，"森林一扫而净，如像成群的蝗虫，留下一片秃山荒岭。"②小农经济的分散性和严重的环境负外部性加剧了环境政策执行的难度。

5.2 宋元明清生态环境的民间控制

尽管在宋元明清时期，作为正式制度的政府制定的环境政策具有缺乏科学性、延续性和执行困难等种种缺陷，使得政府对于生态环境进行管理变得困难，然而在民间，各式各样对于生态环境的民间管理和保护方式，作为非正式制度规范着百姓的生产和生活，维护着地区的生态平衡。可以说在宋元明清时期，非正式环境制度在生态环保事务中发挥了举足轻重的作用，并且其重要性越来越强。

5.2.1 自发适应环境的经济活动

区域环境的差异和复杂性、政府对于环境保护的漠视以及信息的闭塞使得政府很难先验地为对环境的破坏提供防治措施，更难以对地区环境的变化进行监控并且制定应对的政策。然而与此相对的是，世代在一个地区定居生

---

① 严如熤.三省边防备览卷 14 [M].
② 赵冈.中国历史上生态环境之变迁 [M].北京：中国环境科学出版社，1996：27.

存的百姓和下层士绅熟悉当地环境，对于地区生态环境的细微变化都非常敏感。受儒家"孝"文化的影响下，中国人特别注重血脉和宗族，对其世代生活的土地怀有浓烈的感情，故土难离的情怀使得他们对于赖以生存的家园环境十分重视。从经济学角度来说，一家一户的小农经济抵抗风险的能力极差，且无法发挥规模经济的作用，因此小家庭需要依附于宗族。从地缘上讲，中国传统社会的人口流动性极低，长期依附宗族且生存于固定地区的模式类似于一种重复博弈，漠视他人和集体利益的损人利己行为所造成的成本极高，因而可以有效减少投机和机会主义倾向的产生。随着人口的增长和生产方式的改变，维持旧有的生产和生活方式已经超过了环境的承载能力，因而百姓自发地通过经济活动的调整以适应当地的环境。

　　气候、土壤、地形都是决定农业相关的经济活动是否与当地环境相适应的因素。早在先秦时期，人们就通过"物土"确立了在不同类型的土地种植适宜农作物的理念。《管子》提到："桑麻不植于野，五谷不宜其地，国之贫也；桑麻植于野，五谷宜其地，国之富也。相高下，定肥硗，观地宜，使五谷桑麻皆安其处，由田之事也。"[1]说明"物土"的目的在于因地制宜，使得农作物在适宜的环境生存。《管子·地员》还从山地垂直地带和土壤类型两方面论述了自然条件同天然植被的对应关系，具体指出如坟延、陕之芳、杜陵、环陵[2]等丘陵山区由于地形、土壤和灌溉条件不适宜，不应从事农作物的种植。说明早在先秦时期，人们已经对丘陵、山地等地区不宜种植粮食作物有深刻的认识，然而随着人口的持续增长，生存的压力迫使百姓涌入深山，对这些地区的土地进行开发。对于山林的开发最初多为粮食作物的种植，《云谷杂纪》记载："沅湘间多山，农家惟种粟，且多栽岗阜。每遇布种时，则先伐其林木，纵火焚之，俟其成灰，即布种于其间。"[3]江西界内的深山"高阜处所，种植茶树、山薯、杂粮等物"。[4]尤其是玉米传入中国以来，在大多数省份的山区成了最主要的山区作物。在湘鄂山区，"包谷最耐旱，近时南漳、谷城、均山山地多产之。"[5]在川渝山区，"山居则玉蜀黍为主。"[6]南巴山区"漫

---

① 黎翔凤（撰）.管子校注·立政［M］.北京：中华书局.
② 坟延：地势较高的坡地；陕之芳：峡谷旁侧的土地；杜陵：土陵；环陵：丘陵的延伸地带。
③ 张淏.云谷杂纪［M］.
④ 上饶县志。
⑤ 襄阳县志。
⑥ 内江志要卷 1·物产。

山遍野皆种包谷。"①玉米等粮食作物的种植，造成了严重的水土流失，对山区环境造成了巨大破坏，这样的记载数不胜数："自皖民开种包芦以来，沙土倾斜溪涧，填塞河流，绝水利之源。"②"种包谷三年，则石骨尽露山头，无复有土矣。"③……

　　由于生存的压力，对于山区的开发不可避免。然而违背自然规律在山区进行的粮食生产使得百姓饱尝恶果，于是开始自发地调节其经济活动，以更好地适应环境。两宋以来，尤其是明清时期，在山区的开发中经济作物的种植比例越来越大。《介石堂集》记载："闽地二千余里，原巘饶沃，山田有泉滋润，力耕之原足给全闽之食。无如始辟地者多植茶、蜡、麻、苎、蓝靛、糖蔗、离支、柑橘、青子、荔奴之属，耗地也三分之一。"④《赣州府志》则记载："赣农皆山农也，力作倍于平原，虽隙地无旷，其以茶、梓为业。"⑤《德兴县志》载："万山峭立，不宜于桑……惟苎麻、木棉弥山遍野。"⑥浙江淳安"山多地瘠……故勤于本业，而更蒸茶割漆。"⑦在山地种植更适宜地形和环境的经济作物以代替粮食作物，是百姓在资源紧缺的情况下，在长期生产中自发形成的环境自适应性的经济活动变革，顺应了自然规律，对于环境起到了保护的作用。即便粮食作物的种植仍不能避免，但多采取兼营方式，安徽歙县"山多田少，食资于粟，而枣、栗、橡、柿之利副焉。"⑧湖南慈利⑨"环慈皆丛山……种粟惟便火耕……又有茶、椒、漆、蜜之利，暇则摘茶、采蜜、割漆、捋椒，以图贸易。"⑩与此同时，随着山林产权的私人所有制开始出现，在一些地区出现了归私人所有的林场，在甘肃、福建都有分布。桐油的生产则为四川山区的环境保护做出了巨大贡献。桐油为落叶乔木油桐种实榨油所得，是古代制造油漆、涂料的重要原料。油桐适合生长在背风向阳、土壤肥厚、排水良好、中性或微酸的土壤环境中，四川的广大丘陵地区适宜油桐的

---

① 三省边防备览卷 11。
② 徽州府志卷 42。
③ 乌程县志卷 35。
④ 郭起元.介石堂集卷 8·上大中丞周夫子书［M］.
⑤ 赣州府志卷 20·舆地志。
⑥ 德兴县志卷 1·风俗。
⑦ 淳安县志卷 1·风俗。
⑧ 歙县志卷 1·风土。
⑨ 今湖南省慈利县。
⑩ 慈利县志卷 6。

生长，因而在四川沿江、沿河的山区广泛种植，云阳、奉节、万县均是明清时期油桐的重要产地，因地制宜对油桐的种植，不仅提高了经济效益，更保护了当地山地丘陵地区的植被。除四川外，湖南山区的桐、茶种植业十分广泛，"州中茶油、桐油甚多，西南一带茶子树连山弥亘"，可见当地的生态环境得到了一定程度的维护。

　　在江南地区，人们通过改善经营方式，创造了良性发展的生态农业。典型的生态农业代表为常熟的谭氏农场①，《戒庵老人漫笔》对于谭氏农产的生产方式进行了详细描述："凿其最洼者，池焉。周为高塍，可备坊泄，辟而耕之。岁之入，视平壤三倍。池以百汁，皆畜鱼。池之上，为梁，为舍，皆畜豕，谓豕凉处，而鱼食豕下，皆易肥也。塍之平阜植果属；其污泽植菰属，可畦植蔬属，皆以千计……"② 这类似于苏人将水产养殖、作物种植、家畜饲养和蚕桑结合在一起形成的"桑基鱼塘"的生态模式。通过在水中养鱼、池梗种桑、以桑养蚕、蚕沙养鱼、塘泥肥桑，充分利用了生产中每一环节产生的废物，实现了完整的生态循环。可以看出谭氏农场的生产规模非常大，并不适宜一家一户小农进行生产。这样大规模、经过合理统筹的生态经营模式无疑是代表了先进农业生产力的模式，将一个环节产生的废物运用到下一生产环节，既减少了生产成本，又减少了环境负荷，这是规模化生产所带来的规模效益。这再一次体现了环境作为一种公共品或俱乐部产品，对于其管理和保护离不开宏观的管理和统筹规划，这说明小农经济（小规模的私有经济）同生态环境之间存在着一定的对立性。事实上，到明清时期，这样大规模的生态农场在江南已不多见，然而对于小农经济的合理规划仍然可以克服对于生态环境的破坏，许多以个体的农户经营，但仍然延续了生态循环的思路。张履祥在《策邬氏生业》一文中，为好友邬氏的遗孤策划了一整套谋生的方案。邬氏有田十亩及一方池塘，属于典型的小农。张氏具体所做的策划如下："瘠田十亩，莫若止种桑三亩。种豆三亩，种竹二亩，种果二亩，池畜鱼，畜羊五六头，以为树桑之本。……竹果之类虽非本务，一劳永逸，五年而享其

---

① 谭氏农场，是十六世纪江苏常熟地区名为谭晓的人经营的农场，记载于《戒庵老人漫笔》一书中，谭氏农场是当时一种创新的经营模式，谭晓希望以企业的模式进行经营。据载，谭氏农场规模很大，包括了种植业、养殖业等多种部门，将种植业、林业、渔业等有机结合，是一种生态经济，也实现了多种经营。
② 李诩.戒庵老人漫笔［M］.北京：中华书局，1982.

成利矣。"① 可以看出，张履祥在仅仅十亩的土地上，做出了妥善的安排，由于土壤贫瘠，并未安排粮食的种植。相反地采取了养鱼、养羊、种豆、植桑、种果树的模式，是一个简易版的桑基鱼塘模型。相比于大规模的生态农场，这样小规模的农家所采取的生态农业方式在土地的利用上更加密集。邬氏在有限的土地上，采取复种和间种来提高土地的利用效率，"桑下冬种菜，四周种豆芋"，"肥者树下仍可种瓜蔬。"这样的生产模式与当时"人稠地密，不易得田"② 的情形相适应，能够适应多数小农进行生态农业生产的需求。

5.2.2 乡约中的环境保护

乡约在民间的生态环境控制中起着重要的作用，这是由乡约的优越性决定的。乡约是在一定范围内长期演变形成、为大家共同认可的规则和道德准则，通常由宗族、村落为单位，以地方精英为主要领导者进行管理。首先，由于乡约、民俗在地区具有很强的适应性，与当地的生态环境、生活方式和文化相适应，这一点是"一刀切"的环境政策不能比拟的，因此政策运行的成本本身就比较低。此外，安土重迁的中国人世代在同一地区生存，依靠宗族形成了稳定的经济利益共同体和风险防范组织，这种重复博弈有效地防范了个人机会主义行为，强有力的约束机制进一步减少了治理成本。其次，乡约是由一个地区的人普遍认同形成的共同性约束条款，事实上形成了一种约定俗成的道德规范，意识形态作为一种非正式制度支配着人们的行为，减少了正式制度执行的摩擦，使得正式制度的执行变得更加有效。最后，由于乡约是人们在长期的生活中自发形成的约定俗成的规则，与当地环境相适应，因而具有较强的延续性，这与官方制定的朝令夕改的环境政策产生了鲜明的对比。

乡约在森林资源的保护中起着非常重要的作用。如前文提到的，由于人口的爆炸式增长，对于木材的需求愈发旺盛，人地矛盾的加深使得大批流民涌入深山与山争地，更对于森林资源造成了极大的破坏。然而政府颁布的关于森林保护的法令并不能起到作用，连备受清政府重视的围场、东北边境的森林都难逃惨遭破坏的命运。然而与此相对，地方的乡约民俗在森林的保护

---

① 张履祥.补农书·策邬氏生业。

② 张履祥.补农书。

中却焕发了勃勃生机，这点从各地留存的护林碑中可见一斑：陕西岚皋现存的护林碑规定："为刊碑戒后，不准烧山砍伐漆树事由。"当地有个叫姚光华的农民，因为烧地开荒，对漆树林造成了很大破坏，因而令其刊碑示众。"嗣后如有放火烧山，一被拿获，或被查出，拿者赏工钱八百文，所烧漆树平人点数……"① 平利县禁山碑规定："此地不许砍伐盗窃、放火烧山。倘不遵依，故违犯者，罚戏一台、酒三席，其树木柴草，依然赔价。"在福建南平发现的《合乡公禁》碑中，规定"一禁猫竹不许砍伐准薪以及破售香条乘便盗用……一禁本境荫木暨水尾松树杂树概不许盗砍私批研伐松光以及砍荫耕种，永远立禁。"② 这些民间所立的护林碑，或为乡间有威望的精英人物所立，或以家族、村寨或是几个村寨联合所立，其中一些碑刻颇有意趣。例如在四川通江地区发现的两处碑刻，一为咸丰三年赵氏乡民所立，一为同治十年谭氏乡民所立，两者均为盗伐森林者所立的悔过碑。其中提到："自古边界，各有塌塌。有等贱人，趁机祈伐。雷姓拿获，警牌严查。合同公议，免打议罚。出钱一千，永不再伐。如蹈前辙，愿动宰杀。固立碑记，永定成化。"③ 徽州生产杉树，木材也十分兴盛。因而徽人对与山林的保护也十分严格，不仅在路口、山界兴修木碑、石碑，警示禁山范围，防治破坏森林的行为，更形成了打锣封山的地方性习俗。每到冬季，各个村落派专人走村串巷鸣锣示意，重申封禁山林的区域和违反戒令的惩罚。

由于政府的缺位和无力，地区的水资源管理、纠纷的解决和水利工程的建设也主要在乡约的规范下进行。据《泰云寺水利碑》④ 记载："南霍⑤ 十三村分上下二节……上节浇地二十八顷……下届浇地四十二顷。"⑥ 这块水利碑对于统霍渠上下游村庄利用水源进行灌溉的权利进行了详细划分。在通利渠修建的过程中，也采取了在当时普遍使用的"十亩地出一名夫头"的原则选择编夫，并制订了一整套编甲制度对于兴修水利的管理者和参与者的任务和职责进行规定。⑦ 针对通利渠渠路被冲坏后需要买地开渠的情形，《通利渠临洪

---

① 安康碑石·洋溪护漆戒碑。

② 陈浦如.南平发现保护森林的碑刻［J］.农业考古，1984（2）：260.

③ 倪根金.明清护林碑研究［J］.中国农史，1995（4）：90.

④ 位于山西省洪洞县，出现的统霍渠、通利渠及村庄都出于汾河流域。

⑤ 位于山西省洪洞县。

⑥ 泰云寺水利碑。

⑦ 张俊峰.水利社会的类型［M］.北京：北京大学出版社，2012：127.

赵三县一十八村载德碑》规定："惟汾河涨发靡常，一经冲坏不能不占地另开。系占地一亩，出价银十两，合钱拾二千六百文，历久遵办无违。"[①]将每买一亩地作开渠之用需出银十两作为了约定俗成的规定，有效地减少了由于出价不均引起的纠纷。此外，乡约还对污染水资源行为进行了规范。乾隆年间，在山西介休县境内，神泉流域上游的石屯等村由于发展造纸业污染了河流，对于下游村落的生产、生活造成了妨碍，借助乡约，下游百姓"经八村民等拆去伊等掩造物具，永行禁止。"[②]成功维护了自己的权益。

5.2.3 乡里、宗族与地方精英——民间生态管理的执行和维护

由于官方制定的环境政策存在缺陷，且依靠基层官僚组织对于生态环境进行管理成本极高且近乎不可行，因而民间的乡约民俗以及原始信仰取代环境政策成为地方进行环境保护的有力措施。在生态环境的民间管理中，地方精英常常代替政府或作为地方政府的代言人作为生态管理和环境保护的直接执行者。这些地方精英包括下层的官吏、宗族首领、士绅和其他在地区有影响力的个人，他们得以发挥领导作用，与乡里和宗族的形势密不可分。

中国是传统的农耕文明，依附于土地的生产属性使得在古代中国，人口的流动性极低，人们世世代代在一片土地生存繁衍，聚族而居，形成了以地缘为基础、血缘为保障的宗族。由于小农经济的生产规模小、力量薄弱，因而防范风险的能力极差，因而严重依赖宗族内部的"守望相助，疾病相扶"。由于对宗族的依赖，小农自发地接受宗族的管理，遵守族内所制定的家法、族规，在宗族内部突破了小农"以邻为壑"的局限性，对个体以牺牲宗族利益为代价谋取私利的行为进行约束，有效减少了小农掠夺式生产造成的环境破坏，这是在宗族基础上由地区中层进行环境管理的基础。乡里制的形成则与宗族密不可分，由于地方基层政府进行区域管理成本高昂、效率低下，统治者被迫实行官民共治的治理模式，这就是乡里制度。曾宪平认为："国家政权充分利用宗族巨大的内聚力，依托乡村内生的民间权威，把宗族的首领培植成皇权的代理人，通过他们实现对乡村的控制，进而实现国家的政治、经

---

① 通利渠临洪赵三县一十八村载德碑。

② 嘉庆．中河碑记。

济目标。"① 从经济学角度来看，依附宗族世代而居的小农处在一个重复博弈中，每个家庭作为重复博弈的参与者，所需要考虑的不仅仅是每个阶段博弈的一次性支付，更重要的是长期均衡下的收益和结果。在重复博弈中，每个参与者都有牺牲短期利益、约束自身行为获得长远利益的激励，因为难以承受损人利己的成本。因此在政府无力直接组织干预的明清时期，乡里制是较为理想的管理模式。依靠宗族的力量，可以极大地降低管理成本，提高管理效率。而生态管理和环境保护，作为政府管理中被忽视的一环，更离不开乡里制度和宗族的力量。由于长期依附于土地，中国人安土重迁，远离了宗族庇佑的小农生活举步维艰，更使得其故土难离，因而他们对世代生存的地区生态环境予以了高度重视。

宗族首领、乡绅、下层官吏等地方精英是进行区域生态管理的直接执行者。他们垄断了地区最多的财富和政治力量，在地方政府和下层百姓之间形成了有影响力的中层群体，在环境相关的乡约、族规制定中发挥着举足轻重的作用；他们受过良好的教育而视野开阔，对于环境破坏可能造成的恶果有着更加敏锐的洞察力。以明代祁县的乡绅阎绳芳②为例，他目睹了太行山森林破坏导致的水土流失，使得昌源河③流域河流淤积、良田被淹。在《重修镇河楼记》一文中，对于由于上游植被破坏造成的一系列恶果进行了科学的阐述。他指出，在明正德年间，山西祁县"树木丛茂，民寡薪采，山之诸泉，汇而盘沱水……虽六七月大雨时行，为木石户斤蕴，放流故道。……成浚支渠，溉田数千顷。祁以此丰富。"及至嘉靖年间，"民风渐侈，竞为居室，南山之木采无虚岁，而土人且利，山之濯濯，垦以为田"，以致"天若暴雨，水为所碍，朝落于南山，而夕即达于平壤，延涨冲决，流无定所，屡徙于贾令（镇）南北，坏民田者不知其几千顷，淹庐舍者不知其几百区。沿河诸乡甚苦之。是以有秋者常少，而祁人之丰富减于前之什七矣。"可以看出阎绳芳已经认识到了上游森林破坏、水土流失对于下游的影响。很多地方精英还为区域生态的恢复和环境的保护提供了大力支持。道光年间，西乡县境内牧马河泛滥成灾，地方政府倡议修堤植树，得到了士绅、商人的强烈支持，共筹得钱款

---

① 曾宪平.家庭、宗族与乡里制度：中国传统社会的乡村治理［J］.重庆交通大学学报（社科版），2010（04）：36.

② 明代嘉靖朝癸卯年进士。

③ 昌源河是今山西省晋中市汾河流域地主要支流。

两万五千七百余，"复捐花栗木树二千六百八十余株。"①光绪年间，有洋县②官绅"乐施捐资，推贤募化，不数载，诸神绘彩，各殿重新，筑垣栽柏，浓荫耸翠。"③为减缓由于人口增长所导致的环境破坏，清朝末年，汾河流域的官绅在当地进行丝织业的尝试，引进织布器具、养蚕缫丝，通过手工业有效地转移了大批农业剩余人口，减缓了环境压力。

　　明清以后，地方精英在各地都是水资源最主要的管理者，在水利工程的兴修、水资源的利用和水纠纷的调解中发挥着主要的作用。在兴修水利工程时，管理者往往由在地方有一定经济基础或政治地位的人担任，且对管理者的道德素养要求很高。根据《辉翁郝君之水政绩续碑》记载："邑宝贤坊之望族也。端严正直，忠厚诚恳，有古君子之风。"④乾隆五年北霍渠⑤"渠长崔翁讳至诚号明意，宝贤一绅也。"⑥乾隆十一年北霍渠掌例韩荣"秉性刚直，行事公正。一任厥事，勤敏督水，诚敬祀神。遇改种之期，催水不暇，率其子弟，烦其亲友，上下督促，日夜弗息。供给费用皆由己备，从不搅扰各村也。"⑦除在水利的兴修中捐钱献物、管理领导外，地方精英还在水资源的争端中扮演着调解者的角色。乡绅卢清彦，"端谨正悫，和易近人。邻里有争，辄劝止之。"某年由于大旱，上下游洪赵两村由于争水发生了严重的械斗，"彦为剖决利害，事因以解。"⑧因其在平息水利纠纷中做出的贡献，卢清彦碑记入洪洞县的人物志。此外，在《敦煌县志》《山丹县志》《甘州水利溯源》中均有士绅调解水利纷争的记载。

　　此外，各类代表民间信仰的水神庙、土地庙往往由地方精英出资主持修建。在重修源神庙⑨的过程中，由于缺乏政府的倡导和民众的支持，工程被搁置下来。在生员张化鹏的倡导下，"纠首⑩张嘉秀等募于乡众，或照地输资，

①　捐筑牧马河堤碑。

②　今山西省洋县。

③　培修亮马寺碑。

④　辉翁郝君之水政绩续碑。

⑤　位于山西省洪洞县汾河流域。

⑥　治水均平续。

⑦　督水告竣续。

⑧　洪洞县志。

⑨　位于山西省介休市汾河流域。

⑩　是一种文散官，在隋文帝时期被设立，清代为从六品官员。在这里是山西临县的方言，指的是民间自发性活动的组织者，负责兴修庙宇、组织祭祀、灯会等活动的召集、组织和实施。

或任便捐金，置地若干亩。庶足乎赡仰而焚修有赖。"[①] 乾隆年间，洪洞县关帝庙"素无产业，演戏无资。"士绅刘之勉出面"联请银会"，才为关帝庙置办了产业。[②] 地方精英还在祭祀、庙会、设等集会中扮演着不可或缺的角色。他们不仅捐钱捐物，出资对祭祀进行支援，更积极参与到商业和娱乐活动中。"在活动中，人们的接触比较随便。居于等级制度高层的人士，此时都摆出相对亲切平和的面孔。"[③] 这些在平时遥不可及的地方精英在欢庆中暂时地融入了普通百姓群体，增强了地区间不同阶层的交流。这样短暂的对于等级的突破增强了地方士绅对于普通百姓的了解，使得乡约、族规的制定更切合实际，通过集会各阶层间了解的加深也有利于乡约的执行。

5.3 宋元明清环境民间控制的缺陷

包括环境自适应的经济活动、乡约及民间有关于环境保护的原始信仰都是相对于正式制度的非正式环境制度，都对由政府制定的环境政策起到了补充作用。然而将民间控制作为环境保护的主体力量具有以下三方面的缺陷。

5.3.1 缺乏统筹管理，大局意识薄弱

在乡里、宗族和地方精英模式主导控制下的民间环境控制具有很强的地域局限性。他们的关注点往往集中在本宗族或者本地区，受他们控制的生态环境某种意义上是一种归一个群体共有的"俱乐部商品"。优美的生态环境和区域内的资源由俱乐部内部成员共享，对于维护生态的规定和破坏环境的惩罚也仅对俱乐部成员具有约束力。然而归根到底，环境在绝大多数时候是公共品，而非"俱乐部商品"，这就导致了民间环境保护的第一大困境。

众所周知，全面的资源管理和环境保护很难在小区域内独立地进行，河流不止流经一个地区甚至不止一个行政区划，山川也归许多"俱乐部"所共有，环境所具有的非排他性决定了其公共品的性质。从治理成本上看，环境的治理是一个系统而全面的工程，如同河流泛滥的治理，首先需要上游对植

---

① 源神庙置地碑记。
② 洪洞知县清理关帝庙产碑文。
③ 赵世瑜.狂欢与日常——明清以来的庙会与民间社会［M］.北京：生活·读书·新知三联书店，2002：130.

被进行保护，若不能得到上游的支持，由于植被破坏导致的水土流失将使河流携带大量的泥沙，在下游河道平缓处淤积。这样不论下游做出怎样疏浚河道的努力，也很难阻挡洪水的侵袭，因而环境的保护需要统筹全局的视野和牺牲地区局部或短期利益的奉献精神，因此具有非常高的成本。而从环境治理的收益上看，同样是由于环境的非排他性，优美的环境由大家共同享有，而破坏环境的后果也由集体共同承担，因此破坏环境对于个人的边际收益远远大于边际成本，作为公共资源的环境很难排他，就导致了"搭便车"行为和严重的负外部性。严格意义上说，环境作为公共品，如交通、医疗、教育等公共品具有相同的性质，要以国家强制力为后盾、以国家税收为保证进行统筹管理，然而环境保护的民间控制本身就是狭隘、局限的，很难突破血缘和地缘的局限性，由民间控制代替政府行为对环境进行管理本身就难以实现真正的环境保护，政府缺位是宋元明清时期环境破坏的最主要原因。

不可否认，环境的民间控制在调解小区域或本宗族的生态环境纠纷、约束人的行为中发挥了重要的作用，正如在明清时期的众多水案都在乡绅、宗族首领调解下顺利解决。然而需要引起重视的是，随着水资源的愈发紧缺，在不同村落、地区间发生的"争水"事件越来越多，许多水案演变成了群体性的"械斗"事件，如山西洪洞县西安、润民二渠同赵城[①]的普安渠同以通天涧为源头，因而屡屡发生征税的纠纷。康熙二十五年，安普渠"陡起贪心，尽截一涧之水。"[②]康熙二十八年，普安渠强行霸水，堵塞了润民渠；此后的乾隆五年，普安渠再次堵塞渠口，实施霸浇。在民间调解无效的情况下，平阳府委派临汾、洪洞和赵城三县县令会审，按照三渠的地亩多寡进行分水。但即便是官府对水权进行裁决后，争水行为也依旧屡禁不止。更有甚者，在管辖权不统一的水事纠纷中，由于地方官员均不愿在任期内让本县百姓失去水权，因而纠纷双方所在的县官对其进行袒护和暗中支持，更加剧了水利纠纷解决的紧张局势。在这里，由地方精英人物进行调解的方式是一种非正式制度，对于小规模纠纷和地区环境事务的处理起到了一定作用，然而非正式制度只是一种补充，难以取代正式制度在管理中的主体作用。

由此不难看出，环境是一种典型的公共品，资源管理和环境保护需要一

---

① 今山西省洪洞县赵城镇。

② 洪洞县水利志补。

个具有大局观念的机构进行全面的统筹和规划，政府无疑是最好的管理者，正式制度也必须在环境保护中发挥主体性的作用。然而宋元明清时期，政府对于环境保护缺乏重视、对环境管理的缺位以及在管理中的无力是明显的政府缺位，有限的环境保护政策也由于种种原因未能执行导致了政策失灵，这使得对环境相关的管理被迫下放至民间。当民间控制成了环境保护的主要方式，就必然要受其自身狭隘和局限的影响。

5.3.2 地方豪强谋取私利

与通过自上而下的政府直接进行管理的方式相比，在政府控制下的乡里制度更类似于一种"委托－代理"关系，而地方精英就是接受政府委托对于基层进行管理的代理者。乡绅、宗族首领等地方精英，在地方的环境事务中自觉承担起领导和管理的职责，固然是出于对正义感、责任感、身为精英人物的前瞻性和对一方水土的挚爱，然而更多的情况下，代理人可以从委托者手中获得管理权力的让渡，通过管理活动实现自己的利益和目标，这是他们进行地区事务管理的重大驱动力。不论是进行水资源管理、祭祀活动、或是进行植树造林均需要付出辛勤的劳动，甚至需要自掏腰包办理公务。这看起来似乎有些得不偿失，然而地方精英仍为争取在这些活动中的领导和管理权不辞辛劳。这是因为与耗费的时间与财物相比，通过担任这些活动的首脑人物，可以极大地扩展社会活动区域和交际范围，打破了社会交往局限在村、或宗族地限制，在更大范围内扩大社会影响力以及攫取自身利益，这为环境的管理和保护埋下了很大隐患，也是"委托－代理"关系难以回避的弊端。

地方豪绅常常利用在环境的民间控制中领导者的身份攫取私利。如祭祀水神的活动，本是"当事者以众散乱无统，欲联属之，遂定为月祀答神，觊萃人心，此祭之所由来也。"[1]然而随着祭祀活动在演变中变得越来越复杂，逐渐成为了沟头、渠长进行敛财的工具，他们利用消费靡多的祭祀活动强行向百姓摊派。《水神庙祭典》记载："北霍渠旧有盘祭，每岁朔望节令，计费不下千金，皆属值年狗头摊派地亩。""神之所费什一"，[2]剩下皆被沟头、渠长所贪污。久而久之，民间修庙的热情显著下降，对于水神、土地等原始的

---

① 邑侯刘公校正北霍渠祭祀记。
② 水神庙祭典。

信仰也在减弱，这显然不利于百姓基于对神明的敬畏而产生的对破坏环境行为的自我约束。此外，地方豪强还是参与"霸水"的重要力量，乾隆年间，甘肃玉门堵塞水口，侵犯了安西的利益。然而玉门官绅蒙骗官府，致使官府做出不公平的判断，"玉县奸民得计，而安西良民受害。"[①]后在安西直隶州的主持下重新进行判决，然而玉门士绅带头对抗官府，"交界处之土劣士绅藉势抢夺，不按规定"[②]，对于水资源的管理造成了严重阻碍。除此之外，地方豪绅对于民间环境的破坏还包括第四章中提到的修建私圩、围湖造田、以邻为壑的行为。可以看出，地方社会精英在环境的民间控制中行为难以得到约束，他们在成为地方环境保护带头人物的同时，也很容易在谋取私利的过程中对环境造成破坏。

这主要是由于委托者和代理者目标函数的不一致。作为委托者的政府，目的在于通过将权力下放给地方精英阶层降低管理成本、提高管理效率、获得最大的税收；而作为代理人的地方精英，目的则在于最大化自身或宗族利益。简言之，委托者和代理者之间的矛盾是集体利益同个人利益之间的矛盾，也是长期利益和短期利益之间的矛盾。因此，无法回避的"委托－代理"问题导致了地方豪强在环境管理中攫取私利的行为屡禁不止。

5.3.3 环境民间控制的其他弊端

除上述提到的原因外，在环境保护中依靠民间控制还有其他的弊端。首先是与环境保护相关的民间信仰在演变的过程中，逐渐脱离了本来的目的。祭祀活动变得越来越繁复："当日不过牲帛告虔、戮力一心而已，厥后增为望祀，又增为节令祀，其品此增为一，彼增为二；此增为二，彼增为三、为四，愈增愈倍，转奢转费，浸淫至今，縻有穷矣。"[③]加之乡绅、宗族首领利用祭祀和集会进行敛财，给人民的生活造成了极大负担。此外，一些本与环境相关的节日和民俗，也在演变中失去了原有的意义。如寒食节本为预防春季火灾而设立，然而近千年的演变后，寒食节的科学意义在逐渐降低，在同清明节近乎合并后，祭祀占据了更加重要的地位。这导致在明清时期，在清明节前后一方面禁火冷食，同时又大肆烧纸祭拜，这就违背了寒食节设立之初防

---

① 安西义田碑记。
② 江戎疆.河西水系与水利建设［J］力行月刊第八卷。
③ 邑侯刘公校正北霍渠祭祀记。

火的目的。

5.4 结语

宋元明清时期，政府制定的环境保护政策存在很大的缺陷。在中国历史上，长期处于自然科学的匮乏状态，对于环境科学的认识更是极度有限的，科技发展的水平决定了环境制度的不完善，也是统治者对于生态环境问题非理性的重要因素，因而由政府制定的环境保护政策往往缺乏科学性和系统性。由于历史上绝大多数政策变迁都是政府主导性变迁，因此政策变迁往往与封建政府希望达到的政策目标相关。他们往往在政治目标（租金）和经济目标（税收和社会福利最大化）之间难以抉择，最终不得不牺牲环境利益来实现对于政府更加重要的多元目标，因此环保政策往往服务于其他政策，经常朝令夕改，缺乏延续性。随着人口的不断增加，由政府主导进行环境保护的成本变得愈加高昂，政府在环保问题上严重缺位，政策失灵问题严重。

因此，在这一历史时期，在地方和民间自发组织形成的生态环境控制发挥了不可或缺的作用：世代在某一区域生活的百姓最了解当地的生态环境状况，对于生态环境的变化也最为敏锐，因而自发改变其生产活动和生产方式以适应环境的变化，具有环境的自适应特征，弥补了政策"一刀切"的非科学性。乡约、民俗、族规不仅与当地的风土人情相适应，而且是在长期的生产、生活中自发形成的，因此除了是强有力的地方性行为规范，更是为大家认可的道德规范，作为非正式制度指导和规范人们的行为，因而具有极强的可操作性和延续性。此外，乡里、宗族的势力逐渐壮大，在政府的控制下地方精英成了地方环境事务的主要管理者，形成了新的"委托－代理"关系，地方精英作为政府的代理者进行管理，极大降低了管理的成本。可以看出，民间的环境控制在很大程度上弥补了官方政策的缺陷，乡约、族规、民俗作为非正式制度，是正式环境制度的有力补充。

然而不能忽视的是，当民间环境控制成了环境保护的主要力量，就具有了明显的局限性，这主要源于环境作为公共品的属性和治理模式的冲突。像所有的公共品一样，环境具有非排他性，因此极易引发个体为谋求私利破坏环境的个人机会主义行为。即便是开明且眼光较为长远精英阶层也难以突破对于个人、小部分人利益，以及短期利益的追逐，他们所关注的小区域内良好的生态环境更类似于一种"俱乐部产品",很难对非俱乐部成员的环境福利予以关注。此外,作为政府管理环境事务的代理人,地方精英和政府的利益并非完全统一的,因此无法杜绝其利用权力谋求私利的行为。最重要的是,环境保护事务不仅仅需要区域间的协同合作,需要以政府强制力为后盾统筹进行管理。于是,在政府缺位的情况下,民间环境控制固有的局限性需要得到突破。同样作为非正式制度一部分的意识形态发挥了作用,通过对于人们世界观、道德观和环境观的构建,可以有效减少制度的执行成本,分散化宗教在地区范围内通过人们对于自然的原始崇拜,补充了乡约、民俗等民间控制中的不足;制度化宗教则鼓励信众对于他人、集体利益,以及长远利益进行关注,作为意识形态的一部分进一步规范了人们的行为,成为正式环境制度的补充。有关意识形态在宋元明清时期环境制度中发挥的作用笔者将在下一章节进行阐述。

第六章　宋元明清的非正式环境制度
——思想观念对生态环境保护的影响

在本章中，笔者主要论证了环境的民间控制在宋元明清时期环境生态保护中的作用，其中乡约、民俗均是非正式制度的一部分，对以环境政策、法令、法律等正式的环境制度进行补充，它们不仅作为地方性的行为规范，对于人们的行为进行管理和约束，对于破坏生态环境的行为进行处罚；而且还构成了小范围内人们共同认可的道德规范，作为意识形态的一部分促使人们自觉约束自身行为。然而依赖民间控制为主要力量的环境保护存在着显而易见的弊端，最为根本的原因是，环境作为公共品具有非排他性，"搭便车"的行为极易发生，具有很强的负外部性。而优美的环境和良性的生态作为公共品，理应有强有力的管理者。出于前面提到的种种原因，宋元明清时期的政府未能肩负起提供环境这种公共品的责任，政府缺位使得对于环境事务的管理不得不下放至民间，使得乡约、民俗等非正式制度承担起一部分正式制度的职能，然而非正式制度难以完全取代正式制度发挥作用。如果说乡约、民俗作为地区社会伦理和作为非正式制度中对于正式制度的补充部分的话，它们对于从道德层面影响人的行为的作用十分微弱，这极大地限制了非正式制度的执行效率。除乡约、民俗等地方性非正式法规外，非正式制度还存在着另一种强大的力量，即通过对人们环境观念及人和自然关系看法的塑造，减少非正式制度执行的阻力，提高执行效率。其中在两宋占据主导地位的宋明理学在思想观念中居于主导地位，总体来说宋明理学在生态环境中起到了消极的作用；而地方性的原始信仰虽然发挥了一定的作用，却因为其所具有的迷信色彩及地域上的局限性无法突破环境的"俱乐部"属性；佛教、道教等主流制度化宗教的广泛传播，通过共同价值观的确定，在一定程度上限制了小农经济的个人机会主义倾向，打破了以地缘为基础的"地方保护主义"对环境的破坏，并将人们对于生态环保的认识提升到了一个新的高度。

6.1 理一分殊——宋明理学生态思想中的人类中心主义

两宋以来，宋明理学兴起，成了宋明时期占主导地位的儒家思想体系，也成了受到政府认可的官方哲学。从起源来看，宋明理学是对于传统儒家思想的发展；然而自两宋至明代的儒学，借鉴了佛教、道教以及玄学的思想，是儒、释、道相互融合的结果。宋明理学中也蕴含了丰富的生态思想，既是对于儒家生态思想的传承，又是吸收了佛教、道教思想的发展，从表面上看，宋明理学的生态思想将人置于自然与生态链的一环中，是一种"生态友好"的环境观，然而进行更为深入的挖掘，则可以看出宋明理学中"理一分殊"的观点事实上代表了人类中心主义倾向。

宋明理学中的生态思想，最重要的来源是对儒家传统"天人合一"观念的继承，"天人合一"观念是儒家生态思想的核心。先秦时期的儒家学派就已经形成了对天人关系的看法：孔子将"天"看作主宰天地运行、四时更替和社会发展的自然规律，将人看作自然界的组成部分，因此主张对待"天"要有"知命畏天"的态度，事实上肯定了人的行为活动顺应自然和社会的规律，这也可以看作是孔子对于生态环境认识的核心。孟子进一步发展了孔子对于人与自然关系问题的理论，提出"万物皆备于我"①的主张，提出人作为自然界的一环，理应爱护天地万物。荀子则从"天道有常"角度，对自然规律进行了探索。在他看来，自然规律是客观的，不以人的意志为转移，即"天行有常，不为尧存，不为桀亡，应之以治则吉，应之以乱则凶。"②两汉以来，董仲舒所提出的"天人感应"学说，其核心是"天令之谓命，命非圣人不行。"③从政治方面来说，通过对于"君权神授"强化了君主统治的合理性，使得儒家学说成了统治阶级认可的正统学说。而从生态思想来说，董仲舒的"天人感应"说是对自然规律的否定，是对生态认识的倒退。两宋以来，宋明理学的生态观是在儒家对于天人关系认识的基础上建立的。

具体来看，宋明理学生态观的形成，深受佛教、道教的影响。表面上看，宋明理学对于佛家、道家思想进行了深刻抨击，以此捍卫儒家的地位；然而事实上，宋明理学充分吸收了道家的宇宙和世界观，从思辨模式上则是

---

① 万物皆备于我指的是世间万物都可以为我所认知、了解，所以我具备了世间的万物。
② 方勇. 荀子·天论［M］. 北京：中华书局，2011.
③ 班固. 汉书卷 56·董仲舒传［M］. 北京：中华书局，1962.

以佛家思想为架构的。具体到生态思想上，宋明理学深受佛教、道教思想的影响。在天地万物的起源上，张载认为："乾称父，坤称母；予兹藐焉，乃混然中处。"① 这样以天为父、以地为母的思想，显然深受道家影响；而周敦颐在《太极图说》中，将万物的生成描述为"太极动而生阳，动极而静，静而生阴，静极复动。一动一静，互为其根，分阴分阳，两仪立焉。阳变阴合，而生水火木金土。"② 这也明显借鉴了道家的阴阳五行理论。宋明理学所提出的"内圣外王"③，将新儒学的心性论和天道观统一起来，事实上是借鉴了佛教禅宗的心性观。此外，宋明理学还吸收了佛家"慈悲为怀""依正不二"的观点，主张限制人的贪婪与欲望。而对于儒家生态观最为重要的"天人合一"观，则在借鉴了佛教"众生平等""无情有性"观念影响，将儒家所提倡的"仁"，由自身推向他人，再推至自然界的动植物，进而推向一切非生命物质，即佛教中的无情众生，遂形成了"万物一体"的生态观。不论是张载提出的"民胞物与"④，还是周敦颐用"皆有生意"来体现人与自然的一致性，所表达的都是"万物一体"的思想，这些观念与佛家"众生平等"观念有一定的一致性。

尽管宋明理学的生态观深受佛教、道教思想影响，理学家也在极力渲染、力图构造顺应自然规律、人与自然和谐相处的社会。然而追究宋明理学生态观的本质，仍然未能摆脱人类中心主义的局限性，这集中体现在"理一分殊"⑤的观念上。"理一"是在新儒家"万物一体"理论基础上产生的，由于人和万物的共性，因而人应当爱万物，这符合生态保护的意旨。"分殊"则体现了人区别于其他动物和万物的属性：在理学家看来，人具有道德修养和思考能力，因此人具有比其他万物更高的价值。理学家将人看作是上天的"代理者"来管理万物，这点同道家的观点类似。然而宋明理学中强调的对于其他动物及其他非生命物质关怀和仁爱是有差别的，这主要是因为宋明理学对于万物的仁爱是类比递推的逻辑方式，这是儒家仁爱一贯的传统，它既区别于佛教万物平等的博爱、道教无分贵贱的爱，也区别于墨家所提倡的"兼爱"。

① 章锡琛.张载集·正蒙·乾称篇 17 [M].北京：中华书局，1978.
② 陈克明.周敦颐集卷 1·太极图说 [M].北京：中华书局，2009.
③ 内圣外王意指君主内在具有圣人的品德，自然能实行王道。
④ 民胞物与，指爱一切人和物类。
⑤ 理一分殊由朱熹提出，指的是世间万物存在着一个普遍的真理，这个真理可以在世间万物上体现，然而每个事物又存在其自己运行的道理。

儒家的仁爱是一种推己及人的爱，从"亲亲"作为起点。将"亲亲"扩展为更广阔的"仁民"，再推广位更广泛的"爱物"。这种仁爱是以自己为圆心的，如同石子投入湖中泛起的一圈圈涟漪，所施予的仁爱从中心层级向外衰减。所以宋明理学所提倡的仁爱注定是有层级、有差别的爱，对于亲人的爱优先于对其他人的爱，对于人类的爱也有甚于动物、植物以及没有生命的世间万物。正如王阳明在《钱德洪录》中写到的："禽兽与草木同是爱的，把草木去养禽兽，又忍得；人与禽兽同是爱的，宰禽兽以养亲，与供祭祀，宴宾客，心又忍得。至亲与路人同是爱的，如箪食豆羹，得则生，不得则死，不能两全，宁救至亲，不救路人，心又忍得。这是道理合该如此。乃至吾身与至亲，更不得分别彼此厚薄。盖以仁民爱物，皆从此出。"[1] 因此尽管"民胞物与"反映了宋明理学对于万物的关怀，但归根结底仍然是有差别的爱，仍是一种人类中心主义的环境观。这种人类中心主义的环境观体现在政府政策层面，则表现为对于环境的漠视，以及以牺牲自然环境为代价实现其他政策目标。

　　归根结底，宋明理学的创立是以巩固皇权为核心的，这进一步减弱了统治者关心环境的动机。新儒学提出的"内圣外王"，是一条从内加强自身修养成为圣人进而治理国家的路径。然而事实上政权的转移仍然是以血缘为主要依据的父死子继，因此"内圣外王"在绝大多数时候只是一句空谈——"内圣外王"的模式并未真正实现对君王行为的约束。然而宋明理学对于臣子和芸芸众生则提出了具体的要求：在理学家看来，"天理"和"人欲"是严格对立的，他们极力主张人们遵从"天理"，压制"人欲"，其中最需遵循的"天理"，就是儒家所宣扬的对于君和父的绝对权威，这种对于亲长和君王顺从至无我的状态是宋明理学最终希望达到的状态。为了达到这种理想状态，理学家主张"以刑治蒙"[2]，即便是君王采取严刑峻法惩罚百姓也是可取的。进一步的，理学家为君王"以刑治蒙"找到了道德的合理性，他们认为只要在君王进行杀戮的同时不失对于受刑者的仁爱之心，君王就依然是仁爱的。可以看出，宋明理学从加强君主专制出发，既对臣子百姓提出了对君王无条件服从的要求，又肯定了君主专制、严刑峻法的合理性，这客观上为封建统治者肆

---

① 钱德洪. 王阳明全集卷1·语录下·钱德洪录［M］.北京：线装书局，2012.
② 理学家认为百姓都是愚昧而懵懂的，应当用严厉的刑罚约束他们的行为，先刑后教，以刑启蒙。

意追求政治租金大开方便之门。随着两宋以来君主专制的不断加强，统治者以牺牲百姓、社会利益来实现政治目的变得愈加容易，于是生态环境的保护这种"微不足道"的目标就愈加受到忽视。

综上可以看出，两宋以来在意识形态上占据绝对控制地位的宋明理学，对于生态环境保护的制度环境构建总体来说起到较为消极的作用：通过"理一分殊"，理学家确立了人类高于世间其他万物的独特地位，主张为人类利益可以牺牲其他物种的利益；通过"存天理""灭人欲""以刑治蒙"等君主专制的加强，为统治者忽视社会、自然甚至百姓利益的寻租行为提供了合理借口。笔者认为，宋明理学生态思想中的"人类中心主义"倾向，对于宋元明清时期的环境政策变迁产生了不良影响。因此，一些与当地自然环境和风土民情相适应的原始宗教，以及突破血缘和地缘限制的制度化宗教应运而生，对于突破主流文化的人类中心主义起到了巨大作用。

6.2 原始崇拜中的环境保护

在科学尚不发达的中国古代，人们对于一些自然现象难以解释，对于自然灾害更难以防范控制。基于对自然的敬畏所产生的原始崇拜和民俗中存在着大量规范人与自然相处的内容，很多与民间的生态环境控制息息相关。这些原始崇拜的科学性尽管或待商榷，百姓对于自然和万物神①的敬畏却作为思想观念的一部分对于当地百姓的行为具有了很好的约束作用，客观上保护了生态环境，一定程度上修正了宋明理学中对于生态环境的消极影响。

6.2.1 原始崇拜与民间生态保护实践

一些在与农业生产相关的节气进行的祭祀或庆祝活动是民间生态保护的重要方式。由于农业生产是中国传统社会的命脉，因而与农业生产相关的、祈求风调雨顺的寺庙众多，土地庙、土谷祠都是这类寺庙的代表。每到春季播种之时，各地纷纷举行祈祷秋收的祭祀活动。在山西沁水，"乡野春则祈谷，数百人鼓乐、旗帜前导，……秋则报赛张剧，盛列珍馔。"②在湖北公安，

---

① 在人类历史上科学不发达的时期，存在着对于许多动物、植物等，例如树神、水神、山神的神明崇拜，这种原始崇拜被定义为"万物神"崇拜。

② 沁水县志。

每年二月社日时，"赛土神，燕以为乐，秋亦如之。"① 在浙江海宁，"民间于春分前后备金具牲醴祀土谷神，祀毕即为社饮。"②……随着对于农业生产和自然规律的认识在不断加深，宋元明清时期人们已经不再将收获的希望全部寄托于神灵的庇护，然而流传下来在固定时令举行的祭祀活动，提醒着人们不违时令、辛勤耕种，是人类活动与自然的统一。明清时期，在江南盛产蚕桑的地区，五通神信仰广泛存在。"清明，镇人皆祈蚕于丁山五显庙，是日游舫四集，歌管竞发，盖胜事也。"③ 有诗云："莫笑桃花开满枝，千枝万树春风吹。超山泗水郎游遍，侬去祈蚕五显祠。"④ 可以看出人们对于五通祠的祭祀是非常虔诚的，这种虔诚与对祈求农桑生产的顺利息息相关。

对于灾害的防治是在农业社会原始信仰的又一大内容，这一点直接同民间环境保护有着直接的联系。由于宋元明清时期水旱灾害频发，成为威胁农业生产的最主要因素，因而龙王庙成为各地最为常见的一种寺庙，无论是江、河、湖、海，只要是有水的地方就有不同形式龙王庙的存在。龙神祠、五龙庙、白龙王庙、龙母庙等都是龙王庙在不同地区的称呼。如任邱⑤ 有五龙潭龙母庙，该庙相传为唐代所建。某年大旱，"民大饥而亡……越明年夏，久不雨，侯大惧，召耄老文所当祀，谓邑东有山曰虎耳山，有龙神祠，祷是其可。侯遂斋沐往谒祠下……翼日遂雨。越数日又往祷，复雨，如是者六，雨无不辄应，岁以无欠。"⑥ 明清时期的求雨活动，除水旱灾害外，蝗灾也是发生较为普遍、危害较为剧烈的自然灾害，虫王庙、八蜡庙、刘猛将军庙都是为防治蝗灾建造的。这些为防范自然灾害所建立的庙宇固然是封建迷信的产物，然而对于规范百姓行为产生了巨大的作用。中国的民间信仰存在明显的实用性特征，这与形成教义、教门、组织规范的普遍性宗教有着本质的差异。百姓对于龙王、刘猛将军形象的原始信仰，在现实中的写照就是对于其所代表的大自然的敬畏与信仰。出于对破坏自然遭到报复的畏惧，在日常生活中人们自发保持着对于环境的保护。除水旱在海外，中国古代注重对于火灾的防范，寒食节就为防范火灾而产生的。早在周代就已有关于寒食节的记载，在

① 公安县志。
② 海宁州志。
③ 唐栖志略稿·风俗。
④ 唐栖志略稿·风俗。
⑤ 今河北任邱。
⑥ 句容县志·重修虎耳山龙神庙记。

寒食节禁烟火、食冷食，以防范春季由于干燥而易发生的火灾。到了明清时期，寒食节已经近乎同清明节合并，但仍以禁火和寒食为传统。

原始信仰在民间环境保护中的又一大作用在于通过聚会，使得一个地区的百姓产生了密切的集聚和交流，为地区凝聚力的建立和乡约的执行提供了社会基础。在传统的农业社会，村庄在广阔的田野上点状分布，人与人的交往十分有限。于是庙会和其他祭神仪式也成为了一个区域商业贸易、人际交往和社区整合的场所。庙会的参与者包括了地方的各个阶层，不仅民众渴望参与其中，地方上层人士也希望通过对庙会的参与调剂生活和提高地区的管控能力。赵世瑜认为："神灵信仰在社区整合和凝聚中有重要作用，无论是地方官还是地方精英，都希望利用神的力量强化社会秩序。"① 通过庙会，人与人之间的关系更为密切，因而加剧了社区的整合和凝聚。这客观上使得在地方政府和精英利用乡约民俗进行环境管理变得更加容易。

此外，"风水"这一原始信仰对于地区的环境保护尤其是林业资源的保护产生了重大作用。风水本为相地之术，就是通过对地理的考察，寻求人与自然的和谐，达到"天人合一"的境界。在中国古代社会，对于建筑的兴修非常注重风水的考虑，其中尤以寺庙、道观以及墓地的选择为甚。凡有寺院之处，可以说必有树林，树木成为寺庙风水重要的组成部分。《重镌乌尤山碑记》就提到："乌尤山，天下著名，实嘉阳胜景，风水攸关。其崇山峻岭，茂林修竹，不得谓我杜胡所独据为有也，明矣。"② 林愈蕃的《重修洪端寺碑记》也提到，洪端寺周围"古木萧疏，掩映江流，隔岸恰耸。"③ 为保护寺院环境的清幽，更出于对风水的考虑，许多寺庙纷纷制定措施对于砍伐寺院树木的行为进行惩罚。而家族用于祭祀和墓地的场所，往往择风水佳者居之，并多营建风水林。对于用作风水林的树木，只可培补，不能随意砍伐。《天柱山庙置地碑》云："岁有甲辰，四维山主感天仙之庥，各欢施舍，以祖置之柴山，供庙宇之资用，处明界畔，具约在案，而且誓罚甚切，毋得私砍。"④ 安徽婺源地区也具有营建风水林的传统，《羽中麓齐氏族谱》就规定："保龙脉，来

① 赵世瑜.狂欢与日常——明清以来的庙会与民间社会［M］.北京：生活·读书·新知三联书店，2002：41.
② 龙显昭.巴蜀佛教碑文集成·重镌乌尤山碑记［M］.
③ 龙显昭.巴蜀佛教碑文集成·重修洪端寺碑记［M］.
④ 安康碑石·天柱山庙置地碑.

龙为一村之命脉，不能伐山木。"若有违背规定滥伐风水林树木者，要杀一头猪作为惩罚向全村人谢罪。①

在宋元明清时期，地方性的原始信仰虽然对于环境保护起到了一定积极作用，但对于鬼神的原始崇拜具有极其浓厚的封建迷信色彩，妨碍了人们对于环境进行科学的认识。尽管人们对鬼神的信仰在逐渐减弱，但仍抱着"宁信其有、不信其无"的心态，这样的心态不利于对于科学的生态观的接纳。最为重要的是，具有极强地域特征的民间信仰仍然很难突破地缘和血缘在生态环境保护中的限制。

6.2.2 民间信仰在环保事务中的局限性

在探究民间信仰作为非正式环境制度的弊端之前，笔者首先要区分和分散化宗教的概念。在学术界，对于民间信仰是否属于宗教存在着很大争议，这并非笔者探讨的范畴。作者在此引用陈伟涛的概念，将佛教、道教等具有明确的教义、教规、组织和制度的宗教成为制度化宗教，将"由于缺乏经典教义、教职主体、组织体系等要素而不能独立存在和发挥社会作用，只能通过嵌入到世俗制度和社会秩序之中而发挥其作用"②的民间信仰归类为"分散化宗教"，以便论述。

民间信仰作为"分散化宗教"，具有明显的功能性特征。中国人对于宗教信仰的"不真诚"历来饱受诟病，往往有事才烧香拜佛，这就是所谓的"临时抱佛脚"，又往往"头痛医头，脚痛医脚"，于是有祈求病痛痊愈、身体健康的药王庙，祈雨和防止水患的水神庙，庇佑生意顺利的财神庙、关公庙等等不计其数。可以看出，这些以各种形式出现的民间信仰，缺乏经典的教义和教规，这使得它们缺乏对于世界宏观的认识，无法通过价值观的传播对信众进行教化，又无法通过具体的戒律、规定对信众的行为进行约束。人们祈求神明赐予安康幸福，却鲜少考虑所应承担的义务。其次，民间信仰往往是地方性的，在交通不便和文化封闭的宋元明清时期，地理隔绝很难打破，这导致正统的文化很难在相对闭塞的地方传递，不同地区的民间信仰也难以相互沟通，因而民间信仰的地方色彩随着时间的推移越来越浓重。其次，民

---

① 安康碑石·铁厂沟禁山碑。
② 陈伟涛. 中国民间信仰与宗教关系辨析［J］. 山西师大学报（社会科学版），2012（09）：82.

间信仰往往是维系一个地区政治和经济交流的纽带。赵世瑜认为："一旦各种社会集团，无论是地缘集团（如乡社城镇）、血缘集团（如家族宗族），还是职业集团或者性别集团需要强化各自的凝聚力，往往会在本地的民间信仰上下功夫。"① 如前文提到的，地方的精英阶层往往会在祭祀、祈福等活动中主动承担组织、领导的责任，在取得威信的同时往往可以借机谋取私利。在他们的把持下，很多时候民间信仰沦为一个地区甚至个别人取得利益的工具，因而民间信仰很难突破地方伦理道德、乡约民俗所具有的局限性。

相比之下，在宋元明清时期广泛传播佛教和道教，作为具有规范教规、教义和组织机构的，由于其信众广泛，且具有突破个人主义的世界观，对于打破狭隘的血缘、地缘造成的环境限制具有很大作用，是非正式制度中对于环境生态保护实现升华的部分。在诺斯的制度变迁理论中，区分了制度环境和制度安排的概念。其中的制度环境，作为宏观的治理因素，主要指包括政治、社会、法律在内的一系列基本运行规则，其中思想观念是制度环境的重要组成部分。佛教、道教等蕴含丰富的生态伦理，有助于在其广泛的信众中确立了统一的价值判断标准和道德观念，对于建立更加完善的生态制度安排提供了良好的制度环境。而制度安排，则是指在制度环境下具体对人们行为进行约束的一套规则，佛教、道教将其内在的生态伦理，通过不杀生、节俭等教规、教义传播给信众，事实上健全了环保相关的制度安排。因此不论从构建制度环境还是完善制度安排角度，佛教、道教的传播都为宋元明清时期生态环境制度的健全做出了卓越贡献。

6.3 制度化宗教中的环境思想

从本质上来说，生态保护本为专业性和科学性很强的现代议题，以出世、解脱为目的的制度化宗教思想并不符合生态研究意旨。然而从制度层面来看，佛教、道教作为一种信众广泛、影响深远的宗教，是非正式环境制度的重要组成部分。

---

① 赵世瑜.狂欢与日常——明清以来的庙会和民间社会［M］.北京：生活·读书·新知三联书店，2001：31.

6.3.1 佛教生态思想的宗教理论基础

从佛教的原始教义和理论出发，我们可以看出佛教秉承宇宙主义的世界观，与农耕文明人类中心主义的世界观形成了鲜明的对比。在脱离了以人的为核心的宇宙主义世界观中，人和万物共同处于因陀罗网[①]中，并与其他万物相互联系，这与强调生态平衡的现代生态伦理存在一致性。佛教理论中所宣扬的涅槃、净土观，客观上构成了佛教生态思想的宗教理论基础。

佛教认为，修行的终极目的在于涅槃和解脱，这是佛教生态思想的宗教基础。"涅槃"是 nirvana（梵文）的音译，原意为火的熄灭，在佛教中指贪、嗔、痴毒火的熄灭。对于涅槃的解释，佛教各门派解释众多，略有差异，在此不做赘述。涅槃思想对于生态环境最为相关的部分为对人性贪婪的遏制。佛教认为，人痛苦的根源在于对于佛教所述真理的无知，这就是所谓的"无明"。因为"无明"，人往往无法摆脱贪念，无法克服对于物欲的追求，种种烦恼因此而生。在追逐有我和满足物欲的过程中会种下惑业，然后遭受业报，种种业报构成了烦恼的根源。因而佛教主张以涅槃当作消除业报、解除人世烦恼的终极方式，《杂阿含经》记载："于色生厌、离欲、灭尽，不起诸漏，心正解脱，是名比丘见法涅槃。"[②]《杂阿含经》还提到："解脱已，于诸世间都无所取、无所著。无所取、无所著已，自觉涅槃……欲入涅槃，寂灭、清凉、清静、真实。"[③]然而佛教中的涅槃并不强调以肉体脱离尘世的方式出世，相反的，佛家的涅槃并不可以强调生与死的界限，在世间的人要通过对时间的认识从精神上实现对世间执着的超越，从而实现灵魂的解脱，这就是《中论》提到的"涅槃与世间，无有少分别；世间与涅槃，亦无少分别。"[④]

"不乐涅槃，不厌世间"决定了佛教注重人在尘世的修行，在于对贪、嗔、痴的克服，这从本质上否定了物质主义的价值观。人在尘世中修行，对于贪念的克服体现在抑制物欲和过节俭的生活。在佛教看来，人的肉体只是灵魂暂居的场所，因而不需强调对于肉体的享受和满足。这对于在生产力水

---

① 因陀罗网又称帝网，《严华经》中有对因陀罗网的记载：在忉利天王的居所的一种用宝珠织就的网，这些宝珠重重叠叠，造成你中有我、我中有你的影响，后来华严宗用因陀罗网来指世间万物相互对应、相互联系的关系。
② 蓝吉富.大正藏卷 2·杂阿含经［M］.北京：北京图书馆出版社，2004.
③ 蓝吉富.大正藏卷 2·杂阿含经［M］.北京：北京图书馆出版社，2004.
④ 蓝吉富.大正藏卷 30·中论［M］.北京：北京图书馆出版社，2004.

平低下且人口愈加膨胀的封建社会末期所进行的生态保护有着非常重要的意义，节俭的生活习惯引导人们最大程度减少物质的需求，这就减少了资源的浪费和环境的破坏。美国学者布朗认为："自愿的简化生活，或许比其他人和伦理更能协调个人、社会、经济以及环境的各种需求……社会上相当一部分人实行了自愿的简化生活，可以缓解人与人之间的疏远现象。"①

佛教生态思想的第二大宗教理论基础是"普渡众生"的思想，这是一种对于本我的超越。所谓的"普渡众生"是帮助世间众生从六道轮回之苦中解脱出来。《大智度论》载："大慈与一切众生乐，大悲拔一切众生苦。"②可以看出佛教具有天然的悲天悯人情怀，引导人们从对自身利益和小我的关注中扩展到他人、社会甚至是其他世间万物中，这一点在《梵网经》中体现得非常彻底："六道众生皆是我父母，而杀而食者，即杀我父母，亦杀我故身。一切地水实我先身，一切火风是我本体。"③可以看出，佛教所宣扬的普渡众生精神，强调的是关注一切有情和无情众生的苦难。具体到对于生态环境的影响，首先是将人从狭隘利己的小我中解脱出来，关注社会自我，这就在某种程度上打破了由于血缘、地缘所形成的将环境看作"俱乐部式产品"的局限性，将对于区域资源的节约利用和环境保护扩展到更大的范围。进一步说，佛教的"普渡众生"引导人们实现更深层次的生态大我，以联系的、发展的观点将个人看作整个生态环境的一部分，这就从根本上实现了人与自然的协调发展。从另一方面讲，"普度众生"思想引导人们尊重、善待其他生命，《梵网经》也有记载，"若见世人杀畜生时，应方便救护解其苦难，常教化讲说菩萨戒救度众生。"④在佛教中，流传着大量与此相关的故事，地藏菩萨坚持地狱不空，一日就不成佛；印度王子摩诃萨以身饲虎；《法华珠林》还提到了这样一个故事："时有菩萨在山，慈心端坐思维不动。鸟孵顶上，觉鸟在顶。惧卵坠落身不移摇，检坐而行彼处不动。及鸟生翅，但未能飞，终不舍去。"⑤佛教强调动物和人一样具有感受苦乐的敏锐而非平等的生存权利，从道德伦理上鼓励人们对于一切其他生命的苦乐予以关注，劝人戒杀放生，这

---

① 莱斯特布朗.建设一个持续发展的社会［M］.北京：科学技术文献出版社，1984：283-284.
② 蓝吉富.大正藏卷25·大智度论［M］.北京：北京图书馆出版社，2004.
③ 蓝吉富.大正藏卷24·梵网经［M］.北京：北京图书馆出版社，2004.
④ 蓝吉富.大正藏卷24·梵网经［M］.北京：北京图书馆出版社，2004.
⑤ 蓝吉富.大正藏卷53·法华珠林［M］.北京：北京图书馆出版社，2004.

对于物种的保护和生物多样性的维护大有裨益。

在大乘佛教理论中，还存在着净土观，这是佛教生态思想的另一大理论基础。大乘佛教中的净土，指的是清净功德所在的庄严的处所，因有十方三世的诸佛菩萨，也就有十方无量的净土，弥勒净土、维摩净土、琉璃光净土均为十方无量净土，而最为人们熟知的莫过于西方极乐世界。在佛教经典的描述中，极乐世界是一个山清水美、环境优雅、人与自然和谐相处的理想境地。在极乐世界中，存在着八功德水，众生饮八功德水可以脱离四道，在七宝池莲花中花生。《称赞净土佛摄受经》中有对八功德水的描述："何等名为八功德水？一者澄净，二者清冷，三者甘美，四者轻软，五者润泽，六者安和，七者饮时除饥渴等无量过患，八者饮已定能长养诸根四大；增益种种殊胜善根，多福众生常乐受用。"[1]除此之外，"诸池周匝有妙宝树，间饰行列，香气芬馥……极乐世界，净佛土中，昼夜六时，常雨种种上妙天华……常有种种奇妙可爱杂色众鸟……常有妙风吹诸宝树及宝罗网。"可以看出在西方的极乐世界，有让人深思清明的优质水源，有鲜花树木、花雨、动物和新鲜空气，是一个环境优美的理想境地。虽然佛教的净土观强调"心净则佛土净"，优美的自然环境是在极乐世界本身就存在的，并不需要通过努力获得。然而在构建人间的净土上，佛教提出了构想："其地平静如琉璃，处处香花，花须柔软，状如天缯，所生吉祥果，香味具足；丛林树华，极大茂盛；四时顺节，谷食丰贱；城邑次比，鸡飞相及。"[2]人间净土的构建不仅要靠修行和功德，更离不开政策、社会和人的努力。

由佛教生态思想的三大理论基础可以看出，由印度传入中国后经过本土化改良的佛教思想，是与中国的政治、社会、文化相适应的，其所对应的生态思想，更是同宋元明清以后人口激增所导致的资源紧缺、环境破坏有密切关系的。由于人口的增长，宋元明清时期的人地矛盾愈加激烈，有限的资源使得大多数百姓过着贫苦的生活，每遇天灾人祸更加民不聊生。对于资源的争夺不仅仅体现在人与人之间，更体现在人与其他动物、人与自然之间：在生存的压力面前，森林被乱砍滥伐，野生动物被肆意捕杀……在对于资源的争夺中，人们逐渐失去了山清水秀、鸟语花香的优美环境。佛教的生态伦理

---

① 蓝吉富.大正藏卷12·称赞净土佛摄受经［M］.北京：北京图书馆出版社，2004.

② 蓝吉富.大正藏卷14·梵药师如来本愿经［M］.北京：北京图书馆出版社，2004

是对于现实的映射，佛教指导人们甘于忍受贫穷困苦，以此获得更好的来世；佛教主张人们对贪念进行遏制，过节俭的生活，此外，佛教反对信众杀生、鼓励人们吃素，这些教义的产生都与生产力水平低下、资源紧缺的状况有关。而净土观所营造的极乐仙境反映了人们对于现实生态环境恶化的担忧和对美好生活环境的向往。可以看出，佛教的生态教义作为非正式制度，是根植于社会现实的；而其所宣扬的甘于忍受痛苦、节俭等思想，对于维护社会稳定和政权统一有一定意义，是正式制度的补充。

6.3.2 佛教的生态环保实践

佛教理论中所蕴含的生态哲理奠定了佛教生态思想的基础，然而对于大众而言，有限的文化知识使得他们很难对于晦涩难懂的教义进行学习，因而生态思想落实到生态保护的实践，需要教规、戒律结合信众的日常生活，从衣食住行各个方面进行指导和约束，将虚无缥缈的理论具体化。

佛教的生态环保实践，首要的就是"不杀生"。明代的《戒杀文》中规定了七类情形不宜杀生，分别是生日、生子、祭祖、婚礼、宴客、祈穰[①]和营生，几乎涵盖了在物质文明落后的农耕文明时期人们集中宰杀牲畜以不丰富的肉类蛋白进行庆祝的大多数情形。《菩提道次第广论》中，则规定禁止对人或牲畜进行鞭打、捆绑、囚禁、脚踢等，甚至迫使驴骡背负重物也是禁止的行为。除高等的生物外，佛家对于生命的关怀包括昆虫蝼蚁甚至微生物。《律藏·附随》中规定，禁止乱砍滥伐，在森林、草地点火，随意挖掘土地等行为，虽然这些都是"无情众生"，但对它们的破坏会伤害到依附它们生存的"有情众生"。在佛教思想盛行的藏地，藏民自觉地进行着"不杀生"的实践，在行进的途中，藏民往往摇铃发出声响驱赶动物，以此避免对野生动物造成惊吓。藏民还有放长命畜的传统，对于豢养的牲畜，一些藏民选择在请人念经后将年老和生病的牲畜放归自然，以此作为祈福的手段。除"不杀生"之外，"放生"也是佛教信众自觉遵循的一种生态保护实践。佛教自传入中国以来，就一直有放生传统。在唐朝以前，放生是一种个人行为，直到唐代的智顗和尚[②]开始，大规模的放生习惯才在中国出现。智顗向僧侣信众募得资

---

① 指祈祷丰收的活动。
② 天台宗的创立者，被后世尊称为智者大师、天台大师。

金，向孔玄达"买兹笞业，永当放生池。"①他还向沿海的渔民宣讲《金光明经》，劝导渔民不要在梁、笞等地捕鱼。除此之外，智颛最杰出的贡献在于成功劝导了陈宣帝，陈宣帝在他的影响下，下令"从椒江口始，至溯灵江、澄江上游，整个椒江水系就都作为放生池。"②这使得放生池第一次以政府政策的形式被肯定了下来，将特定水系作为放生池的做法，不仅仅是对于鱼类的保护，更是对于被保护流域整体生态平衡的维持，此后的历朝历代都有关于放生的政策出现。此外，基于对"不杀生"的执行，大乘佛教要求僧侣茹素，也鼓励广大信众尽量减少对于肉食的消费。《梵网经菩萨戒本》有云："若佛子，故食肉。一切肉不得食。断大慈悲性种子。"③两宋时期，不管是汴京还是临安都有专营素食的饭店出现，可见佛教的素食传统对于百姓有一定的影响力。

节俭是佛教的第二大生态实践，节俭是同"涅槃"和"修行"理论相结合的。出于修行的目的，佛教强调将僧侣和信众最大程度地克制物欲，过清静、简朴地生活。在规范僧侣行为和生活的《沙弥十净戒》中，规定佛教僧人不得饮酒、不得使用奢侈的家具、不得佩戴贵重的饰品或以香油涂身、不得观听歌舞，佛家弟子也始终保持着过午不食的传统。对于普通的信众而言，佛教并未对其衣食住行进行强制性的约束，然而仍然鼓励在生活中厉行节约。宋代净土宗高僧慈觉宗赜针对大量存在的洗面做面筋的行为，写下《戒洗面文》作为警戒。文中提到："详夫面岂天然，麦非地涌。尽众生之汗血……寻常受用，尚恐难消。况于荡洗精英，唯余筋滓，全资五味，借美色香，巧制千端，拟形鱼肉。……常堂口分之餐，三分去二。"④因此他主张杜绝这种为满足口腹之欲浪费粮食的行为。在中国古代，生产力水平非常低下，很难通过技术革新提高产量满足人口增长带来的物质需要，佛家这种节俭、朴素的生活态度，减少了由于对物欲的追求造成的浪费，为解决人口膨胀所带来的生存和生态危机提供了一个解决方案。佛教在上层社会的盛行，更是极大地减少了浪费，保护了生态环境。"朱门酒肉臭，路有冻死骨"，不仅反映了中国古代社会巨大的收入差距，更反映了上层社会的穷奢极欲。"画阁朱楼尽相

① 石峻.中国佛教思想资料选编卷2［M］.北京：中华书局，1983：153.
② 王及.中国佛教最早放生池与放生池碑记——台州崇梵寺智者大师放生池考［J］.东南文化，2004（1）：146.
③ 蓝吉富.大正藏卷24·梵网经［M］.北京：北京图书馆出版社，2004.
④ 蓝吉富.大正藏卷46·修习止观坐禅法要［M］.北京：北京图书馆出版社，2004.

望，红桃绿柳垂檐向。罗帷送上七香车，宝扇迎归九华帐"①则是《洛阳女儿行》对于一个年仅十五岁的贵族少女生活的描写。较普通百姓而言，贵族在衣食住行各方面奢靡的追求对于生态和环境造成了不可挽回的破坏：他们在饮食上食不厌精，脍不厌细，造成了巨大的浪费；他们营造华美的住宅、使用贵重的家具，对于森林资源造成了严重的破坏；他们对于奇珍异兽漂亮的翎羽和珍贵皮毛的追求，加速了大批物种的灭绝……然而与此同时，为了维持子孙后代的富贵荣华，他们成为了较笃实的信众。佛教所宣扬的节俭生活对上层社会产生的影响限制了对穷奢极欲生活的追求，即便是皇帝也在佛法的要求下力求节俭。例如，清代雍正皇帝自幼熟读佛经、精通佛法，在佛教的影响下，雍正皇帝厉行节俭，他于雍正二年颁布上谕，"御膳房，凡粥饭及肴馔等食，食毕有余者，切不可抛弃沟渠，或与服役下人食之。人不可食者，则哺猫犬。再不可用，则晒干以饲禽鸟。断不可委弃。朕派人稽查，如仍不悛改，必治以罪。"②同样笃信佛法的宋仁宗，也出于节俭的目的限制自己的口腹之欲，拒绝食用以高昂代价运进宫的蛤蜊。可见，佛教对节俭的提倡对于生态保护大有裨益。

除此之外，佛教寺院是营造"世间净土"的重要力量。大乘佛教在传入中国后，大量吸收了中国传统的思想。在佛教寺院的选址上，参照了堪舆之术，在修建寺庙时往往要求背山面水、负阴抱阳，这样的场所往往是风景秀丽、生态自然环境较好的所在。佛教寺院对于其所建寺的场所及周边环境进行了很大力度的保护，也对植树造林给予了高度重视。据《高僧传》记载，昙摩密多在敦煌"闲旷之地建立精舍，植树千株，开园百亩。"③《续高僧传》也记载，释慧旻"如海虞山隐居二十余载，远方请业常百余人，地宜梓树，劝励栽植数十万株。"④可以说植树造林是佛教寺院的传统，峨眉山纵横百里的古树丛林就是僧侣世代培植维护的结果。由于对佛教的加护，这些深藏古寺的山林就有了禁地色彩，尽管历史上的人口增殖使得森林资源一再遭到破坏，却鲜少波及这些名山。而在藏地，信仰佛教的藏民则自觉执行着由寺院和官员公共划定的日封线，与明清时期政府划定封山线形同虚设的状况形成

---

①　赵殿成.王维诗集［M］.上海：上海古籍出版社，2017.

②　雍正朝上谕档。

③　蓝吉富.大正藏卷50·高僧传［M］.北京：北京图书馆出版社，2004.

④　蓝吉富.大正藏卷50·续高僧传［M］.北京：北京图书馆出版社，2004.

了鲜明的对比。

6.3.3 道教的生态思想的宗教理论基础

道教教义建立在道家思想基础上，整体来说主张用宏观的、联系的、发展的眼光看问题，主张遵循自然规律行事。此外，道教既强调平等，又强调人与其他生灵不同的属性，强调人生活在世界应当担负的责任。

道教从万物出现的本源讲起，认为万物的本源为"道"。《道德经》记载："道生一，一生二，二生三，三生万物。"[①]在原始的道教经典《太平经》中，对于"道"的定义进行了进一步解释，"道"为"大化之根"，"万物之元首"。[②]说明道教继承了"道"是万物本源的观点，关于"道"如何生出形态不同的万物这一问题，唐代道士吴筠对"道"的解释为："道者，何也？虚无之系，造化之根，神明之本，天地之源。"因为道是虚空的，因而不能直接生成万物，要通过"一"的介质才能生效，"一"就是所谓的元气。元气在不同的条件下，表现出或清或浊的性质，这是"道"演变成不同物类的原因，"清通澄明之气浮则为天，浊滞烦昧之气积而为地，平和柔顺之气结而为人伦，错谬刚戾之气散而为杂类。自一气之所育，播万殊而种分。"由"道"而生的万物，都要遵循道法自然，这就是道教在研究人与自然关系时强调的客观规律。在道教看来，世间万物都有其所应该遵循的"道"，人的行为应当遵循自然规律和物类本来的属性，所谓"道生之，德畜之，物形之，势成之，是以万物莫不尊道而贵德。"[③]《庄子》中就记载："牛马四足，是谓天；落马首，穿牛鼻，是谓人。"[④]牛马有四只脚是天性，然而给马套上笼头、给牛穿鼻子则是违背它们的自然和天性的，这些行为应当予以反对的。道教延续了道家关于自然规律的观点，讲求对天性的顺应和自然规律的遵守，因而从根源上是生态友好的。

其次，道教继承了道家"天父地母"的思想。《太平经》中提到："天者主生，称父；地者主养，称母；人者主治理之，称子。父当主教化以时节，母主随父所为养之，子者生受命于父，见养食于母。为子乃当敬事其父而爱

---

① 王弼.老子道德经注［M］.北京：中华书局，2011.
② 王明.太平经合校［M］.北京：中华书局，2014.
③ 河上公.老子·秋水［M］.上海：上海古籍出版社，2013.
④ 方勇.庄子［M］.北京：中华书局，2015.

其母。"① 这里的天和地，包含了整个生态系统，道教认为既然天和地是人父人母，那么违逆父母、"共害其父母而贼伤病者，非小罪也。"② 道教进一步发展了道家"天父地母"的观点，将违逆天地的行为具体化。《太平经》中将对天的违逆表现为不遵守时令、违背四时之气。道教认为季节更迭和天气变换都遵循一定的自然规律，"天音四时而教生养成，终始自有时也。夫恶人逆之，是为子不顺其父，天气失其政令，不得其心。"主张人们在生产生活中遵守"春耕夏耘，秋收冬藏"的时令，以实现自然界的动态平衡。道教将一切开凿土地的行为看作对于地的伤害。"人乃甚无状，共穿凿地，……母内独愁患诸子大不谨孝，常苦忿忿悒悒，而无从得通其言。"③《道德经》记载了一个故事，一家人起土兴功，不仅自家受到上天惩罚，连周边邻居也被祸及，"一些邻居引来了盗贼光顾，一些邻居甚至被波及丧命。道教所宣扬的这种"天父地母"思想，近乎涵盖了自然界的整体生态平衡。不违天父，体现了对于时令和规律的遵从；不违天母，则保护了万物赖以生存的自然环境。

再次，道教认为"人者，乃理万物之长也。"④ 虽然从本源上来说由道生万物，因而人和万物应当是平等的，但道教区分了人和万物不同的特性："人肖天地之类，怀五常之性，有生之最灵者人也。"⑤ 由于人综合了万物的优势，因而被上天赋予了"辅万物之自然而不敢违"的特殊使命，这主要指作为帮助天地抚育万物的辅助者，人需要帮助万物顺应其本性发展，"唯当顺万物之性，游变化之途，而能无所不成者，方尽逍遥之妙至者也。"⑥ 通过对万物情性的适应，人也能获得自我情性的自由。此外，由于上天赋予人独特的天赋，因而人有义务对万物进行关怀。"人者，是中和万物长也，其长悦喜理，则其万物事理，其长乱则物乱。"如果任意杀生，使得它们不能活到天命就死亡，万物就会怨气郁结，导致天地之气的紊乱。《太平经》认为："夫天道恶杀而好生，蠕动之属皆有知，无轻杀伤用之也。"⑦ 即便对待蠕虫，也要心存悲悯之心，不能害其性命。

---

① 王明.太平经合校［M］.北京：中华书局，2014：114.
② 王明.太平经合校［M］.北京：中华书局，2014，115.
③ 王明.太平经合校［M］.北京：中华书局，2014，114.
④ 王明.太平经合校［M］.北京：中华书局，2014，124.
⑤ 列子·杨朱.
⑥ 方勇.庄子·逍遥游［M］.北京：中华书局，2015.
⑦ 王明.太平经合校［M］.北京：中华书局，2014：124.

此外，道教强调"天人合一""清静无为"，这是一种轻物质欲望的、崇尚简朴的生活态度。道教主张返璞归真，亲近自然，在庄子所设想的"至德之世"中，"山无蹊隧，泽无舟梁；万物群生，连属其乡；禽兽成群，草木遂长。是故禽兽可系羁而游，鸟鹊之巢可攀援而窥。同与禽兽居，族与万物并。"①而据《太平经》记载，为了不伤害大地，人应"多就依山谷，作其岩穴，又多依流水。"这就是说，在道教中，理想的生活应当是依山傍水，不起土造物，不对自然界做任何改造。虽然这样的观念过于极端和理想化，但是不难看出在道教思想中，反对人为满足私欲对自然进行干涉和改造，这就自然而然使道教具有了反物质主义的性质，为了保持万物的自然属性，人需要尽可能过简朴、清静的生活。《道德经》说："我有三宝，持而宝之，一曰慈，二曰俭，三曰不敢为天下先。"②道教经典《抱朴子内篇》则指出求仙修道之人，"欲得恬愉淡泊，涤除嗜欲，内视反听，尸居无心。"③元朝时期，全真道要求道士过完全禁欲的生活，这点同佛教中强调苦行的派别有很大的共性。但这样的情况只在少数时期出现，大多数情况下道教仅强调"以道制欲"，对于人的贪婪和物欲进行限制。

6.3.4 道教的生态环保实践

道教生态思想的宗教理论主要来源于道家思想，对人为生存对自然进行的一切改造采取反对的态度，这样的观点或许有些极端。然而在道教的生态实践活动中，教义本身极端和理想化的成分被极大地弱化。《道教生态思想研究》一书中提到："宋元以降，道教伦理逐渐出现了世俗化、通俗化和民间化趋势。"④许地山则指出："支配中国一般人理想的生活的乃是道教的思想，儒不过是占伦理的一小部分而已。"⑤因而道教的生态实践不仅是丰富的，而且是卓有成效的。

道教的生态实践首先是对于其他动物的保护。道教认为，动物也存在着如人类一般的情感和伦理关系，谭峭⑥在《化书》中提到："夫禽兽之于人

① 方勇．庄子·马蹄［M］．北京：中华书局，2015.
② 王弼．老子道德经注［M］．北京：中华书局，2011.
③ 王明．抱朴子内篇校译［M］．北京：中华书局，2007：17.
④ 陈霞．道教生态思想研究［M］．四川成都：四川出版集团巴蜀书社，2010：354.
⑤ 许地山．道家思想与道教［M］．上海：上海书店，1991.
⑥ 谭峭，字景升，五代时期泉州人，熟知老庄哲学，著有《化书》。

也何异？有巢穴之居，有夫妇之配，有父子之性，有生死之情。乌反哺，仁也。隼悯胎，义也。蜂有君，礼也。羊跪乳，智也。雉不再接，信也。孰究其道？万物之中，五常百行，无所不有也。"①即便"蝼动之属，悉天所生也，天不生之，无此也。"②人不应剥夺其他动物的生命。因而在道教实践中，也如佛教一般有着"不杀生"的传统。道教众多门类的戒律都将"不杀生"作为大戒。《思微定志经十戒》中的第一戒就为"不杀，当众念生。"③《初真十戒》规定："不得杀害含生以充滋味。"④除泛泛之谈外，道教的戒律还对于不杀生有着具体而详细的规定，《老君说一百八十戒》规定，"杀一牲口，五过"，"杀禽鱼昆虫一命，三过"，"教人渔猎，三十过"……⑤此外戒律中提到："不得冬天发掘地中蛰藏虫物，不得妄上树探巢破卵。"⑥道教除了对动物的生存权益进行了维护之外，还对其生存质量进行关注，反对虐待、惊吓动物。《老君说一百八十戒》中提到："不得妄变大六畜群众，不得已足踏六兽。"⑦连在森林中惊动鸟兽的行为在道教戒律中都是被禁止的。

为了使这些保护动物的戒律得以实施，道教将这些护生行为和善报紧密结合起来，将种种护生行为的善与杀生的恶进行了量化。《太微先君功过格》中就明确提到："害一切众生、禽兽性命为十过；害而不死为五过"⑧……《警世功过格》规定："救一有力于人之物命五功至五十功，救一无力于人之畜命三功，教人渔猎三十过，毒药杀鱼三十过，杀禽鱼昆虫一命三过。"⑨通过对动物性命的解救和善待，人们可以获得福报，这就产生了动物保护的动力。《文昌帝君阴骘文》中还记载了一则故事，宋代有一对宋氏兄弟，弟弟宋郊在下暴雨时编织竹桥搭救了被困住的蚂蚁，因而获得上天福报得中状元，连其兄宋祁都得到福荫名列二甲。与佛教相比，道教对于尘世众生的生命和福利的关注程度更高，激励机制也远远高于佛教。

在道教的生态实践中，除了对于动物的保护外，还注重生态平衡和生物

---

① 谭峭. 化书·仁化［M］. 北京：中华书局，2009.

② 王明. 太平经合校［M］. 北京：中华书局，2014：174.

③ 道藏卷22［M］. 上海：上海书店出版社，2017：267.

④ 道藏卷22［M］. 上海：上海书店出版社，2017：278.

⑤ 道藏卷18［M］. 上海：上海书店出版社，2017：219.

⑥ 道藏卷22［M］. 上海：上海书店出版社，2017：272.

⑦ 道藏卷22［M］. 上海：上海书店出版社，2017：271.

⑧ 道藏卷3［M］. 上海：上海书店出版社，2017：25.

⑨ 藏外道书卷12［M］.

多样性的维护。早在道教尚未萌发之时，道家就已经对生物链物质能源的交换过程做出了粗浅的探索，承认了自然界万物存在的相互影响、相互依存的关系，因而道教主张对自然界的山川、土地、植被进行保护。《太平经》规定"天上急禁绝火烧山林丛木之乡"，①《三百大戒》则规定："不得以火烧田野山林"，"不得无故伐树木"，"不得无故摘众草之花。"② 在具体的生态实践中，道教对于原始教义中的一些观点做出了让步，肯定人为满足其生存，对于自然资源进行一定程度的利用，然而仍然严厉制止没有理由的乱砍滥伐或是毁坏山林的其他行为。除了对植被保护的尝试外，道教反对乱凿土地、河川、污染河流等行为。《三百大戒》规定："不得嗟陂池"，"不得塞井及沟池"，"不得以毒药投渊池江海中"。在道教看来，不论是水、土地，都是人和一切其他物种赖以生存的资源，对于水土的保护是维护生态平衡中重要的一环。

此外，道教对于生态保护的实践体现在对于"福地洞天"的打造上。如果说佛教的"极乐世界"只存在于尘世之外的话，道教则更加注重对于人间仙境的营造。在《真浩》的记载中，茅山"土良而净水甜美"，"清源幽澜，洞泉远沽。"③洞中生活其乐融融，"兵火不能加，灾疫所不犯。"宛如陶渊明笔下的理想社会。这样的"洞天福地"实际体现了道教对于现实人们居住理想群落的追求，道教是对于中国传统"风水"说吸收地最为完善的宗教，由于"风水"将人看作自然的一部分，因而道教在建筑的营建上，强调"人居之处，宜以大地山间为主。"然而人们聚居的村落往往集中在平原地区，道家由此鼓励在村落周边进行风水林的营建，在他们看来，风水林具备聚气藏风的作用。这些风水林被赋予了宗教色彩之后变得神圣而不可侵犯，因而尽管到明清时期，对于植被的破坏已经非常严重，风水林却免遭侵袭，在水土保持和生物多样性的维持中发挥了重大作用。此外，道家强调了人主观能动性的发挥。在修建道教宫观时，往往选择环境清幽的山林，因循地势水源，植苍松翠柏，因山泉为溪，傍古木为亭。出于天然对于自然的亲近和崇拜，道家在人间打造"洞天福地"的尝试无疑是生态友好的。

①　王明.太平经合校［M］.北京：中华书局，2014，204.

②　道藏卷6［M］.上海：上海书店出版社，2017，957.

③　道藏卷20［M］.上海：上海书店出版社，2017，558.

6.3.5 平等性——佛教、道教生态实践的原动力

在佛教的观念中，不仅仅人和其他动物是平等的，与无生命的其他万物都是平等的。很多宗教生态伦理学者将平等性作为佛教、道教生态理论的基石和生态实践的原动力。他们基于"佛性"和"道性"的平等认为，对于生态保护而言，既然世间万物都是平等的，那么人就无法凌驾于其他动物和世间无情万物之上，为满足人生存、享受的私欲而采取滥捕滥杀、乱砍滥伐等破坏生态平衡和自然环境的行为。然而笔者认为，从生命的具体存在形式上来看，佛教和道教的平等观或待商榷。

首先简要概括佛教和道教的平等观。在佛教思想中，"众生皆有佛性"和"六道轮回"奠定了人和其他动物的平等地位。"六道轮回"是印度佛教轮回观的中国化，"六道"指的是天、人、阿修罗、畜生、恶鬼和地狱，其中天、人、阿修罗为"三善道"，恶鬼、畜生和地狱则为"三恶道"。通过对五戒十善的遵从、潜心修行，处于恶道的生命形态可以在轮回中转生为善道，而不注重自身行为修养、作恶多端的天、人、阿修罗也会堕落到"三恶道"。由于不同的生命形式之间的界限并非是不可逾越的，因而有情众生是平等的。"无情有性"则将平等的外延扩展到世间万物，包括山川、树木在内一切没有情感的事物。《大宝积经》载："一切草木树林无心，可作如来身相具足，悉能说法。"①天台宗认为："一色一香，无非中道"，牛头宗也认为，"道者，独在于形器之中耶？亦在草木之中耶？"②在他们看来，即便是花草树木、河流山川这些没有情识的事物也具有佛性，和有情众生一样可以成佛，也就是承认了无情的万物具有和有情众生同等的地位。与佛教强调"佛性"平等相对的，道教提出了"一切有形，皆含道性"的观点，《无能子》就提出："人者，裸虫也，与夫林茂羽虫俱焉，同生天地，交气而已，无所异也。"③

不难看出，佛教和道教强调万物在"佛性"和"道性"上的平等，除此之外，从生命形式的相互转换来说，佛教赋予了有情众生在六道轮回中平等的权力，这仅仅能够说明在轮回面前是平等的。但从具体的生命形态来看，如果六道身份平等不分贵贱，那么处在"三恶道"的生命就失去了通过修行

---

① 蓝吉富.大正藏卷11·大宝积经［M］.北京：北京图书馆出版社，2004.

② 绝观论。

③ 道藏卷21［M］.上海：上海书店出版社，2017，780.

行善上升"三善道"的动力，因而具体到不同的生命形态，平等性便不复存在。更进一步，生命形态的不平等使得"三善道"众生产生了约束自身行为的动力，轮回的平等性也鼓励"三恶道"众生潜心修行、积德行善，以实现向更高级生命形态的转变。因而总结来说，佛教中具体生命的不平等性和轮回的平等共同形成了潜心修行的原动力，而指导佛教信徒积极进行生态保护实践、尤其是动植物保护的直接原因，是佛教"普渡众生"的思想，由于人和其他众生拥有共同的"佛性"，因而人可以感受万物在世间的苦，从而生出悲悯的情怀，这是一种推己及人。而在道教中，人区别于其他物类的特性被明确区分出来，由于人具有情识、理智，因而被赋予"了辅万物自然"的责任，人是"六畜之司命神"，对于其他生命和自然的关怀，更多的出于上天赋予的责任。因而不论是佛教或是道教，从生命形态来讲人的地位均高于其他世间万物，也正是这种不平等性产生了生态实践的原动力。

6.4 作为非正式制度的思想观念在生态环保事务中的作用

正如前面章节所提到的，宋元明清时期政府对于民间的控制力逐渐减弱，直至明清时期形成了政府管理与民间控制相结合的"委托－代理"型的治理模式，乡约、族规在地方事务中发挥着越来越重要的作用，这些乡约、族规具有双重的性质：一方面它们是地方性的法规，是调整人与人、人与社会关系的行为规范；一方面它们又具有社会伦理性质，构建了区域内共同认可的价值观。乡约、族规的局限性主要体现在，虽然通过乡约、族规，在一定的区域和人群内部打破了小农经济自私自利对环境的破坏，却仍然难突破血缘和地缘的限制，无法打破区域限制的地区环境保护很难独善其身，注定会沦为"俱乐部产品"。由于在宋元明清时期，人们对于生态环境保护的观念非常淡漠，所共同遵守的对于森林、土地的保护、水资源的合理利用都是为维持正常的生产生活而进行的适应性活动，并非出于环保本意，因而乡约、族规在环境保护中发挥的行为规范作用远远大于对价值观的构建。在这样的情况下，必须发挥思想观念作为非正式制度的作用，通过增强对于环境保护以及人与自然关系的认识减少摩擦，降低制度运行的成本。作为在两宋以后尤其是明代之后正统道德的宋明理学，虽然在形式上强调对于自然和万物的爱，从内涵上却宣传有等级的爱，这种人类中心主义的价值观对于生态环境产生了恶劣的影响。在这样的情况下，宗教进入了人们的视线，从一方面来说，宗教吸收了俗世的生态保护条例，将其上升为教义、信条，如道教规定："勿登山而网禽鸟，勿临水而毒鱼虾。"[①] 从另一方面来说，宗教通过又通过将教义、信条的天命化提升到远远高于凡世政策、规范的高度，利用神明的威力使得人们从心理和精神层面自觉对行为进行约束。然而作为分散化宗教的民间信仰并不具备上述的全部属性，作为地方性的宗教，民间信仰很难突破地缘和血缘带来的限制，这同乡约、民俗等地方性非正式制度的缺陷是一致的；由于科学知识的匮乏，民间信仰中存在着大量封建迷信思想，不利于科学、客观生态环境观的形成；此外，民间信仰往往是分散的，缺乏系统性的教规、教义，无法对于信众的行为构成有利约束。

制度化宗教在一定程度上弥补了这些缺陷。佛教、道教思想尽管不为环境保护的目的而生，然而从客观上对于宋元明清时期的生态环境保护起到了积极的作用。正式制度本身具有的缺陷并不能完全由乡约、民俗和民间信仰一类的非正式制度弥补，作为正统伦理的宋明理学，其以人类为中心的生态观又使得环保政策的制度背景不断恶化，因此佛教和道教在这一时期的生态环境保护中发挥着重要的作用。佛教、道教作为主流的制度化宗教，不仅从具体实践上突破了血缘和地缘的局限性，从教义上来说更突破了狭隘的人类中心主义世界观，将人们对人与自然关系的认识提升到了新的高度。

从实践上看，首先，由于佛教和道教均为在中国存续时间较长且传播较为广泛的宗教，因而拥有广泛的信众，共同的宗教信仰成为了信徒之间的天然纽带，即便是来自不同的家族甚至地区，人们也因为共同的信仰而感到亲切，这就打破了血缘和地缘所形成的桎梏。其次，佛教和道教实现在生态实践活动中他律和自律的相统一。一方面有明确的教规、戒律，对于信徒在进行生态实践活动中禁止做的事情和鼓励、提倡的行为都做了详细具体的规定，道教善书甚至出现了将所有善行和恶性量化记录的道教功过格，这是易于在信众中操作的一种方式。另一方面，宗教将世俗道德神圣化，人类的一切善行、恶行均会受到神明的监督，然后获得相应的善报或惩罚，因而这种神明监管所产生的震慑可以使信众自觉以教规、教义的要求规范自己的行为。从教规、教义传播的具体方式来看，在宋元明清时期整体出现了通俗化、民

---

① 劝善书。

间化趋势。不论是佛教还是道教，都在传播中吸纳了传统道德、民间信仰等因素，并以各种喜闻乐见的形式在民间传播。例如道教的善书一般放在各种公共活动场所，方便人随时取阅，随后又与传统的娱乐形式相结合，将包括"戒杀生""戒乱砍滥伐"等规定以故事形式讲唱出来，晚清的杂志《社说》中提到："感应阴骘之文，惜字放生之局，遍于州县，从而充于街衢。"可见说唱善书的活动具有相当的影响力。

此外，出于政权安全的考虑，地方民间宗教在历朝历代多遭到统治阶级的忌惮和打压，然而对于佛教和道教则表现出较为温和的态度，一些对于宗教较为推崇的皇帝甚至受到宗教影响颁布了相关的生态政令，如陈宣帝在智顗的建议下将椒江水系敕作放生池，北齐文宣帝更直接下令，"废除官家渔猎，严禁天下屠宰，号召天下百姓吃素持戒修功德。"[1]宋真宗也在天禧元年下令重修放生池，并于天禧三年批准天台宗将西湖作为放生池的请求，由天台宗自植"放生慈济法门"，并在佛诞日举行放生会为天子祈福。可以看出，这些佛教的生态实践不仅对生态政策的制定产生影响，佛教的生态实践活动也被纳入封建政府的监管。而唐宋时期，朝廷屡屡颁布对于茅山的禁山令，对于道教的圣地进行保护。唐代《玄宗赐李玄静先生敕书》中提到："自今以后，茅山中令断采捕及渔猎。四远百姓者由契荤血者，不须令入。"[2]北宋大中祥符二年也发布政令："于茅山四面立定界上，严行指挥，断绝诸色并本山宫观祠宇主守以下，自今后不得辄有樵采斫伐，及故野焚热。常令地方巡检官吏，耆老壮丁，觉察检校。如有违犯，即便收捕，押送所属州县堪断。"[3]可以看出，宋真宗不仅仅对于道教圣地下令封山维护，更把对毁坏山林行为的裁决规定为地方政府的职责。即便在一些朝代统治阶级没有信仰佛教、道教的传统，但灭佛、灭道在历史上是较少出现的案例，大多数时候对这两种宗教采取默许的态度。

再次，作为具有较为成熟、完善教义的，佛教和道教均从世界观上对人们对人与自然关系的认识进行根本性的塑造，突破了人类中心主义的价值观和主张。《逍遥游》中记载了这样一则故事：魏王送惠子了一个大瓠，劈开做成瓢可以装五石水，惠子觉得它太大且占地方因而把它毁坏。而庄子则认

---

① 陈红兵.佛教生态哲学研究［M］.北京：宗教文化出版社，2011：213.
② 道藏卷5［M］.上海：上海书店出版社，2017，555.
③ 道藏卷5［M］.上海：上海书店出版社，2017，561.

为："禁子有五石之瓠，何不虑以为大樽而浮乎江湖？"[1]即便针对惠子认为弯弯曲曲的大树，庄子也认为让其无忧无虑地生长在旷野、不以斧斤妨碍其生长是非常洒脱的事情，道教所继承的这种"无用之用"正是基于一种宇宙主义的世界观，在庄子的心中，不以是否对人类有用为衡量事物价值的标准，而在佛教中，强调修行以摆脱现世的苦难，强调人与万物共处于因陀罗网之中，则也同样是突破人类中心主义的宇宙主义世界观。此外，不论是佛教还是道教，都注重万物之间的联系、发展和规律，这与现代生态主义的主旨是不谋而合的，尽管在科学技术落后的中国古代，人们对自然界的认识十分有限，也无法从人的需求角度出发认识到一些事物的价值，正如惠子得到的大瓠，也如在当时远远超出古代人理解的微生物。然而佛教和道教这种宇宙主义世界观却指导着保持对自然的学习和敬畏，尽管不了解，却依旧尊重"无用之物"的生存，维持了自然界的物质循环和能量流动。这种突破人类中心主义的世界观以及敬畏自然的态度无疑是对生态保护的升华。

此外，从经济学角度进行分析，佛教、道教中蕴含的生态思想以及生态环保实践有效降低了生态环保事务的管理成本，提高了管理效率。首先，不管是佛教还是道教，都力求通过今世功德的累积获得更好的来生[2]，人们的选择类似于一种重复博弈。人们不仅要考虑本阶段博弈的结果（今生），还要考虑当前策略对于今后的影响（来生），因而愿意减少本阶段效用（例如过节俭的生活、杜绝损人利己的机会主义行为、甚至舍己为人），来获得更高的整体效用。又或者我们可以将笃信宗教、相信来生的信徒的选择看作一个无限期界的时代交叠模型，出于对来世美好生活的追求，人们倾向于对自己的效用进行跨期平滑，以实现最终效用的最大化，这是宗教在人们行为约束上产生效用的根本原因。其次，从制度经济学角度来看，佛教、道教制定了较为完善的教规、教义用来具体指导信徒的实践和活动，由于信徒数量庞大、传播地域广泛，因而有助于在信徒间形成共同的道德准则，这有效减少了教规、教义执行的摩擦，减少了执行成本，提高了效率。此外，对于因果报应的笃信使得人们自觉对自身行为进行约束，这进一步减少了制度执行的成本。

---

① 方勇.庄子·逍遥游［M］.北京：中华书局，2015.
② 佛教信徒希望通过修行获得来世的幸福，道教信徒则希望通过修行得道成仙。

6.5 结语

在本章中，笔者继续论述了宋元明清时期对于环境生态保护产生影响的因素。由于环境具有公共品属性，对于环境事务的管理离不开强有力的政府，环境制度本应采用以正式制度为主、非正式制度为辅助的模式。然而总体来说，宋元明清时期的环境政策供给数量严重不足，效率也十分低下；由于人口激增所导致的治理成本高昂也使得正式的环境制度失灵，在这样的情况下以地方精英人物主导的民间环境治理取代了正式环境政策发挥了重大作用。然而环境的民间控制很难突破血缘和地缘所造成的局限性，由地方精英代替政府管理的模式也存在着严重的"委托 – 代理"问题。

同样作为非正式制度，思想观念通过对于人们世界观、道德观和环境观的构建，对于宋元明清时期环境伦理的构建和环境制度的完善产生了一定影响。其中，宋明理学是最主流的哲学观念和道德准则，它所宣扬的有差别的爱不仅仅是一种与生态环境保护相矛盾的人类中心主义哲学，更是君主用来维护其统治的工具，为君主忽视社会福利、牺牲环境来谋求政治租金提供合理的理由，因此在这一时期主流的意识形态对于环境保护起到消极的作用。在民间广泛流传的宗教对于宋明理学中的人类中心主义环境观进行了一定修正：地区性的原始信仰作为分散性宗教，通过使人们建立起对大自然的敬畏从而树立朴素的环保观念，然而由于其传播的范围有限、缺乏成体系的教规教义，依旧无法摆脱血缘和地缘的限制。制度化宗教佛教、道教的广泛传播，在一定程度上弥补了环境保护民间控制的不足。同样作为非正式制度的佛教、道教，与乡约、民俗和民间信仰相比，不仅仅由于其广泛的传播范围和坚实的群众基础使得血缘和地缘造成的阻碍得到了突破，成了正式环境制度得以实施和完善的补充，更由于其超越了人类中心主义的世界观将人们对于人与自然关系的看法提升到了新的高度。佛教、道教中蕴含着丰富的生态哲理，有助于帮助信众树立统一的与环境保护相关的价值观念，通过建立普遍的道德规范减少管理成本；佛教、道教积极进行各类生态实践，爱护动物、保护森林、厉行节约……通过明确的教规、教义引导、鼓励信众参与到环境保护事务中，与政府直接干预的模式相比具有较低的管理成本。在一些历史时期，佛教和道教的生态实践更能得到统治者的支持而上升为国家意志，这就进一步减少了环境保护管理成本，对于宋元明清时期的环境生态保护起到了重大作用。

佛教、道教等制度化宗教，对于宋元明清时期环境保护最重要的意义在于，通过对于共同认可的道德标准的构建，使得信众自觉对于其教规、教义所倡导的行为进行实践。佛教所提出的轮回观和因果报应，将信众置于一个重复博弈的过程中，这就极大减少了单次博弈的投机行为；佛教、道教对于美好来世的构建，激励信众以牺牲今世效用为代价，对于效用进行跨期平滑，这就形成了一种有效的激励模式。具体到环境保护，信众自觉地遵守着"不杀生"、节俭等教规，对于植树造林等道观、寺院倡导的活动积极参与，事实上从精神和道德层面激励其信众自我约束。这不仅仅是对于环境保护民间控制缺陷的弥补，也是对于人们关于人与自然关系看法的重塑。此外，宋明理学在两宋之后逐渐成了主流的意识形态，其生态环境思想中的"人类中心主义"倾向对于环境制度的构建起到了一定的负面影响，佛教、道教生态思想的广泛传播也有利遏制了这种影响。因而总体来说，佛教、道教中所蕴含的生态思想，是对宋元明清时期生态环境制度的升华。

第七章　宋元明清若干环境政策的
新制度经济学分析

在前面的章节，笔者选取了土地、水和森林三类在传统农业社会中具有代表性和关联性的环境政策，对其在宋元明清时期的发展和演变进行了梳理和阐述。与水土、森林资源保护相关的政策、法令、法规构成了宋元明清时期环境保护制度的正式制度部分；而民间自发形成、约定形成的乡约、民俗和民间信仰，以及制度化宗教所蕴含的生态伦理则构成了环境保护制度的非正式制度部分。总体来看，北宋以降各类环境资源保护政策都在趋于严格和完善，然而正式制度不仅从供给数量还是执行效果上都远远无法满足人口增长所带来的需求，于是宋元明清时期的环境保护呈现出对于自发的民间环境控制和其他非正式制度愈发倚重的趋势，在水资源的管理上地方和民间的控制甚至在明清时期成了主流。在这一章，笔者引入新制度经济学理论，以制度变迁理论为主要框架，对于宋元明清时期的环境制度演变进行分析。

7.1 产权的非私有属性——环境问题的起点

产权是资源稀缺的产物。在一个资源充足的社会，人们可以任意支配自己在经济活动和生活中需要的资源，因而产权的存在没有意义。而在资源稀缺的环境中，每个人的自利行为都受到了有限资源带来的约束，如果不对资源的归属、使用和盈利做出具体的规定和区分，就会因争夺资源而产生冲突，因而产权自然而然产生了。产权被认为是由"占有权、使用权、出借权、转让权、用尽权、消费权和其他与财产有关的权利"①组成的权利束，具有排他性、可分割性、可让渡性和永久性的天然属性。一般来讲，由于私有产权的所有者对其所有的产权具有完全的支配权，"是对必然发生的不兼容的使用权进行选择的权利的分配，"②从这点可以看出产权所有者完全享有产权带来的

---

① 沃克.牛津法律大辞典［M］.北京：光明日报出版社，1988：729.

② 埃里克·菲吕博顿［M］.

天然属性，他对这些权利的使用不受限制。然而除私有产权外，不论是公有产权还是国有产权都不具备完全的排他性，共有产权的所有者对资源享有同样的权利，都可以利用资源为自己服务，因而在共同体内部不具有排他性；而在国有产权下，产权权利一般由国家选定的代理人来行使（通常为政府官员），由于代理人对于资源的使用、收益和处置都不具有充分全能，因而缺乏其对合理利用资源和监督其他成员的激励，而作为产权所有者的国家对代理人进行监管的成本极高。这些因素决定了共有产权和国有产权的非排他性使得资源的支配和利用具有强大的负外部性，排他性的残缺在一定程度上也削弱了产权的可让渡性。德姆塞茨指出："当稀缺资源的所有权是共有时，排他性和可让渡性都是不存在的。没有人会节约使用一种共有资源，也没有人有权将资源的所有权安排给其他人。"环境作为公共品，具有很强的非排他属性，新鲜的空气、阳光的产权没有得到界定；水资源、森林、草地等所有权则大多为国有，因而环境问题的产生很大程度上来自于产权的共有和国有。即使在现代，也依然无法实现对于资源和环境产权的完全界定，如何构建更加有效的产权制度对于资源的合理利用和环境破坏的减少仍然是环境经济学研究的重大问题。

对于笔者所研究的宋元明清时期来说，资源和环境的产权界定更是极其困难且低效率的。从所有权来看，这一时期绝大多数自然资源的所有权归国家所有。在前面的章节曾经提到，宋元明清时期已经实现了耕地资源的私有化，自给自足的小农经济形成并逐渐走向成熟。笔者需要说明，这一时期的私有产权和现代意义上的私有产权含义并非完全相同：在漫长的封建社会时期，严格意义上讲并无真正意义上的私有制，所谓"普天之下，莫非王土"——君王在名义上拥有所有资源的所有权。因此在本文中对于资源私有和非私有的界定，都是类比现代所有权的概念。在土地的私有产权形成后，耕地资源得到了充分的利用、培植和保护。然而除耕地之外，绝大多数的自然资源的所有权都归国家所有，这在周朝就已经被确定下来，并在整个封建时期被沿用。《管子》记载："泽立三虞，山立三衡，国之山林也，则而用之。"[①] 可以看出对于河流、山川国家都享有绝对的所有权，为保证对于自然资源的独占，周朝统治者下令封山，对于违反规定的行为进行严厉的惩罚：

---

① 黎翔凤. 管子·立政 [M]. 北京：中华书局，2004.

"山之见荣者，谨封而为禁。有动封山者罪死而不赦。有犯令者，左足入，左足断，右足入，右足断。"① 然而由于国家无法直接对这些资源的利用进行管理和监督，依靠各级官员进行管理又极易出现"委托－代理"问题，因而这些封禁政策事实上是无效的，这些名义上归国有的森林、草场、山川实际处于无主状态，国有产权形同虚设；而从使用权来看，水、森林、草场往往以地理区域为划分，由临近的一部分人共同享有，相当于共有，在资源紧缺的情况下极易造成"公地的悲剧"。随着人口增殖，大批无地或少地的农民在巨大的生存压力下流离失所，涌入深山成为棚民，或举家迁移到生态环境脆弱的边疆地区谋生，对于这些地区的生态环境造成了严重的破坏，以土地私有制为基础的小农经济进一步加剧了这一趋势。在以小农经济为主要构成的社会经济结构中，一家一户的小农掌握着集中且面积狭小的土地，严格享受所拥有土地的所有权、使用权、收益权和转让权，这使得小农对于其私有的土地控制非常严格，很难通过侵吞他人私有土地的方式弥补自己的不足。在人口增殖、人地矛盾越来越尖锐的背景下，土地私有和森林、草场实质公有之间的对比使得人们最大程度对公有的资源进行侵占和掠夺，土地私有制所带来的环境负外部性被最大程度地激发出来。

7.2 宋元明清时期环境制度变迁的整体趋势

北宋以降，包括中央和地方的各种环境相关的政策、法令、规定都趋于完善和细化，乡约、民俗、宗教等非正式制度发挥着越来越重要的作用，然而具体来看，正式制度不管从供给数量、还是供给效率都远远无法满足需求。因此宋元明清时期的环境制度是正式制度与非正式制度的结合，且呈现出对于非正式制度的依赖程度越来越高的趋势，这是一种由人口增殖引发的诱致性制度变迁。

7.2.1 正式制度的细化和完善

总体来说，中国的农业地理格局在宋朝已经基本形成，生产、生活中对于资源的利用方式也逐步确定下来，因而两宋时期形成了一套相对完善的对

---

① 黎翔凤.管子·地数［M］.北京：中华书局，2004.

于各种自然资源的利用和环境保护的政策，元、明、清三朝基本继承了宋朝环境政策的框架，并未出现根本性的制度革新，这主要是因为自宋到清的近千年历史中并未出现根本性的技术创新。拉坦就提到："由技术变迁所释放的新的收入流确实是对制度变迁需求的另一个主要原因。"[①]随着科学技术的进步，现有的生产方式得到革新，促使要素价格发生改变，这就为获得在旧制度条件下不可能获得的潜在利润提供了可能性，为新制度的产生创造了条件。从北宋到清末期，农耕技术并未出现根本性的革新，生产力水平维持在旧有的状态，使得生产要素始终维持了一个相对稳定的价格，制度的变革不会带来潜在利润的增加，突破性的制度创新自然无从谈起。

　　然而在宋朝构建的环境政策基本框架下，后世的环境政策有其独特的特点，如贯穿整个元代，蒙古族都在进行由草原文明向农耕文明的过渡，破坏、侵占农田改为牧场的行为屡禁不止。即便到元朝末期，这些行为也犹未杜绝。因而元朝的环境政策重点主要在于解决游牧民族向农耕生产方式转变过程中的矛盾，其中对于耕地资源的保护是环境政策的重中之重。对于同为少数民族政权的清朝来说，一方面清朝统治者的汉化程度非常高，从生产方式上也完全接受了农耕的生产方式；从另一方面来说又保留了一部分少数民族的传统，因此清朝统治者更加关注对于森林、山川等资源的保护，设立围场、封禁深山、禁止百姓赴边疆移民开荒等政策都是出于这样的目的。更加重要的是，明清以来的人口膨胀，尤其是清中叶以来的爆炸式人口增长使得土地资源严重紧缺，大批流民涌入深山，或移民边疆谋生，给森林资源造成了毁灭性的破坏，更严重影响了山地、草场的生态平衡，这也是清朝的环境政策向森林、山川保护方面侧重的重要原因。

　　由于人口膨胀对环境政策造成的影响并不仅仅体现在政策的侧重点有所变动，更加重要的影响是推动了环境政策的完善和细化。诱致性制度变迁理论认为，对于一种新的制度的需求从根本上讲源自要素价格的变化，要素价格主要由其稀缺性决定。在传统的农业社会，土地是生产中最为重要的要素，其稀缺性主要由人口决定。当人口增长所造成的土地要素稀缺影响逐渐波及环境，并随着环境问题变得愈加严重，统治者对于环境问题的重视程度在逐步加深，尽管远远没有重视到足以对抗环境破坏的程度，但环境政策确实呈

[①]　V.W.拉坦.诱致性制度创新理论［A］.财产权利与制度变迁［C］.上海：三联书店上海分店，1991：335.

现出完善和细化的趋势。例如明清时期，由于人口膨胀所造成的森林资源损耗激增，尽管在明清时期也曾营造了大量的人工林，但仍然无法扭转森林资源急剧减少的趋势。因此除延续前朝林业政策中对林木的保护政策外，明清政府加强了对于林木利用和培育管理的细化，在利用方面采取课税和抽分两种方法，对果木竹品柴炭征税，明太祖在明初就规定："麻亩征八两，木棉亩四两。栽桑以四年起课。"①在地方，明朝政府设立竹木抽分局，龙江等地的竹木抽分局就制订了黄藤、杉木三十分抽一，松、檀等木材十分抽二的税率。此外，明朝政府在洪熙年间增加了对于木制商品的税费，并于宣德四年在重要林区设置了济宁、临清、扬州、淮安等七个税关。在林木的培育方面，清朝政府从中央到地方设立了一整套严密的机构，与前代相比对于林木的培育更加重视。郑辉认为："明清林业管理机构在承袭前代的基础上更加规范，林业管理职能逐步强化，各项管理职能被分配到多个管理机构之下。"②再比如在水资源的管理上，明清政府的地方性政策已经由宏观调控转向对水权的裁决、水利纠纷的处理等微观具体的管理方面，这也是由于人口激增导致的政策细化。

7.2.2 正式环境制度的不足

宋朝以降，尽管历代的环境政策在不断完善和细化，仍然无法扭转人地矛盾尖锐、自然资源紧缺以及生态破坏的总体趋势。根据樊宝敏的考证，森林覆盖率由明初的26%下降至1840年前后的17%，平均每100年下降2个百分点。③由于水资源匮乏引发的水权纠纷从发生的范围到发生的数量也都大幅提升……总体来看，两宋以来的正式制度存在供给数量不足及效率低下两大问题。

首先，不管是中央还是地方，生态环境政策的供给数量都远远不能满足环境资源和环境保护的需求。以水资源的政策管理为例：明清时期，由于争夺水源所导致的纠纷变得愈加频繁，在这样的情形下，中央政府本应针对这样的局面制定一套更加详细完善的水权分配计划，或勒令地方政府根据当地情况制定仲裁水权的地方性政策。然而实际情况是，明清时期的水资源管理

---

① 张廷玉.明史·食货志［M］.北京：中华书局，1974.
② 郑辉.中国林业政策和管理研究［D］.北京：北京林业大学，2013.
③ 樊宝敏.中国历代森林覆盖率的探讨［J］.北京：北京林业大学学报（社科版），2001（4）：65.

制度虽然实现了由宏观向更加细化的微观方面转变，却并非是正式制度的细化。宗族首领、乡绅等地方精英及民间组织被迫承担起处理水权争端的责任，以非正式制度弥补正式制度的不足。由于缺乏有效的水资源管理制度，地方官员在裁决区域内水权争端时往往因缺乏政策依据而迁延不决，裁决结果也无法让矛盾双方遵从。中央环境政策的"一刀切"也体现了政策供给的不足，本应因地制宜的环境政策，在实际上经常被粗暴武断地施以相同的标准，在忽视地方地理气候环境的情况下贸然借鉴其他地区的经验，经常不仅仅事倍功半，反而对于区域环境造成了破坏。

从环境制度的执行效果上来说，也出现了效率低下的问题，高昂的执行成本和监管困难使得许多环境政策事实上形同虚设，即便是深受清朝统治者关心的封禁政策也远远未达到理想的效果。满清入关以来，为保护其"龙兴之地"的自然环境，维护满蒙贵族的利益，清政府严令禁止关内百姓在东北、西北等地边疆移民开荒，对于皇家所有的围场、边疆的山林也采取了严格的封禁政策。然而这些封禁措施的成效却着实寥寥，庞大的人口压力使得大批流民涌入深山成为棚民、寮民，在巨大的人地矛盾面前，连对于封禁政策执行得最为彻底的乾隆皇帝也不得不默许流民出关谋食，下令各关口军士放松对出关移民百姓的限制。

针对宋元明清时期——尤其是宋朝之后环境政策供给不足、效率低下的问题，笔者从制度经济学角度对其原因进行了分析。

首先，宋元明清时期的环境政策缺陷的原因是统治者的有限理性和偏好的多元性。在工业革命之前的封建社会时期，农耕的生活方式长期占据主流，环境的恶化是一个局部性的、进程较为缓慢问题，环境科学的欠缺使得人们难以预计到生态环境破坏所带来的毁灭性后果，因此历代统治者对于制定环境相关政策的重要性认识严重不足，很多笔者提到的环境政策事实上只是农业、经济、国防政策的附庸。科学技术的落后也限制了环境政策的制定和选择，由于科学技术水平十分落后，即便对于统治者关心的水旱灾害治理、河流疏通等问题，由政府制定的治理政策也常常是无效的，一些时候甚至适得其反，因此科学技术水平落后也是造成统治者在环境政策制定中有限理性的重要原因。更加重要的是，政策制定者的偏好具有多元性，统治者在制定政策时，考虑的目标并不是单一的，与在封建社会不甚严重的环境问题相比，国防安全、政权稳定、经济民生是统治者更加关心的问题。于是在环境目标与其他目标相冲突时，政府往往选择牺牲环境目标。于是在北宋黄河的治理上，北宋统治者选择向北改道河北来保证首都汴梁的安全，尽管仅从环保角度来说这样的决策是失败的。

其次，环境政策的制定还要受到不同集团利益冲突的影响。正如舒尔茨指出的那样："处于统治地位的个人在政治上依赖于特定群体集团的支持，这些集团使整体生存下去，经济政策在这个意义上讲是维持政治支持的手段。"[①] 在某种意义上讲政权是不同集团的集合体，统治者在制定政策时要考虑不同利益集团的利益均衡，而政策制定的本身也是不同集团斗争博弈的结果。同样是在黄河治理的问题上，不同的集团对于如何治理问题提出了截然不同的方案，这样本应客观的科学问题甚至在某种程度上近乎成为了政治信仰问题，在讨论圩田存废的问题上，政府的决策却受到了权贵的影响。在圩田是否应该存在的问题上，政府本应享有绝对的决定权，然而事实却并非如此。随着圩田的肆意开发造成的水旱、生态问题日益加剧，北宋政府在废掘危害环境的圩田上做出了一定努力，但却遭到了权贵和地方豪强的抵抗，针对废掘圩田的指令阳奉阴违。干道年间，孝宗颁布政令："闻浙西自有围田即有水患，屡有人理会，多为权势所梗，已而令槽臣王炎相视，有张子盖围田九千畲献，湮塞水势，立命开掘，仍戒敕不得再犯。"[②] 然而开掘圩田的政令却被一再拖延；干道元年，朝廷下令废掘秦桧所有的永丰圩，也受到了朝廷权贵和地方豪强的强力阻挠，最终宋政府只能中断了对废圩政策的制定。

最后，高昂的治理成本也是宋以降制度供给不足且低效的重要原因，这在宋朝之后变得尤其明显。在前面的章节笔者提到，两宋时期的政策十分完备，包括环境政策在内的各项政策执行力度和效果均较好，这同两宋时期冗繁庞大的官僚机构不无关系。然而在宋之后，封建国家再未维持过如此庞大、足以将包括环保事务在内的地方事务事无巨细纳入管辖范围的封建官僚机构。这主要是因为元、明、清吸纳了宋朝繁冗官僚机构对于财政造成的巨大负担。更加重要的是，人口的疯涨使得由政府全权负担环保事务、尤其是地方环保事务变得成本极其高昂，甚至根本无法依靠封建官僚机构进行管理。尽管在资源的严重消耗和环境的不断恶化中，政府越来越认识到环境保护的重要性，

---

① 舒尔茨.扭曲的农业激励［M］.印第安纳大学出版社：2010.
② 卫泾.后乐集卷13［M］.影印文渊阁四库全书，北京：商务印书馆，1986：654.

然而却无力将环保事务纳入政府的管辖中，即便制定了详细而完善的环境政策，也根本无法得以执行。因此政府从根本上缺乏制定相关政策的动力。

7.2.3 非正式制度的兴盛

在由官方制定的环境政策供给数量严重不足且效率低下的情况下，宋元明清时期的非正式环境制度呈现出蓬勃的生命力，在明清时期甚至成为了地方环境事务管理的主要力量。本文中所提到的非正式制度，主要是除中央、地方政府制定的诏令、政令、法规外的其他对环境保护有约束力的制度，具体包括地方性的规定（族规、乡约或其他约定俗成的规定），或思想观念的控制（民俗、宗教、道德规范）。明清时期，乡里制度得到了充分的发展。许多地方精英事实上成为政府授权的管理者，利用乡约、族规、民俗、民间信仰等非正式制度对宗族和地区事务进行管理。具体到环保上，他们承担起植树造林、划分水权、处理争端、疏浚河道等环保事务的领导责任。与官方制定的环境保护制度相比，这些非正式制度因地制宜，更加适应地区的自然环境和风土人情；安土重迁的思想使得地区间的人口流动性变得很低，加之小农经济天然存在抵抗风险能力较差的特征，人们往往依附于宗族生活，这使得乡约、族规对于人们的约束力远高于政府指定的政策。因而以乡里制为基础的非正式环境制度大大降低了制度交易的成本，逐渐成了地区环境保护的主流。

具体来看，在林业资源的管理上，明清时期出现了大量护林碑，其中大多数是民间修建的，这些护林碑常常以村落或宗族为组织修建，不仅约束族人乱砍滥伐、毁林开荒的行为，更严禁其他人对森林进行破坏，在一些地区，每年定期的打锣封山成了地方性的习俗。此外，宗族所有的风水林、祭祀林也得到了充分的保护。在水资源的管理上，明清时期较为彻底地实现了由正式制度为主向非正式制度为主的转变，从具体内容上来说水资源的管理变得更为细化。在修建堤坝、疏浚河道的水利工程中，地方精英自发地担负起领导、组织的责任，并在水权的划分和水权纠纷中充当仲裁者和调解者，此外明清时期还出现了水权的买卖……与正式制度供给数量的不足和效率的低下相比，明清时期的非正式环境制度焕发了蓬勃的生机。

7.2.4 正式制度为主向非正式制度为主的转变——诱致性制度变迁

由上述的分析不难得出结论，从北宋到明清，我国的环境制度的总体发展趋势为由正式制度为主向非正式制度为主的转变。这从制度经济学的角度分析，是一种典型的诱致性制度变迁，这种转变的主要原因是为了降低交易成本。

在诺思的《制度变迁与美国经济增长》一书中，将制度分为制度环境和制度安排，其中制度环境是"一系列用来确立生产、交换与分配的基本的政治、社会与法律规则。"对于制度安排的定义则是"支配经济单位之间可能合作与竞争方式的规则。"①制度安排既可以是正式的，也可以是非正式的，因此从以正式制度为主、非正式制度为辅助的制度安排向非正式制度为主的转变是一种制度安排创新。在他们看来，制度安排的创新来自对现有制度下潜在利润的追逐。由于对规模经济的要求、风险厌恶、政治压力、外部性内在化困难等原因，潜在的外部利润无法在现有制度框架下实现。当制度创新改变了潜在利润、或是创新成本的降低，使得制度安排的变迁变得有利可图时，制度创新才会实现。

具体来说，宋元明清时期的制度变迁，是一种非常典型的诱致性的制度变迁，这一概念是由拉坦和速水正式提出。根据诱致性制度变迁理论，制度的变迁是由要素的相对价格变动引发的，当资源的稀缺性发生变化就会引发要素价格的变动，因而在原有的制度下就会出现由于资源错配不能完全实现的潜在利润损失。在这样的情况下，个人或一群人为响应制度不均衡所导致的利润损失，会进行自发性的制度变迁。一般来说，国家作为制度的最大供给者，其所制定的一系列规则，起到规范人们的行为、降低个人选择时由于有限理性和信息成本的作用，可以极大降低制度运行成本。特别是针对森林、河流、土地保护等内容的环境政策，由于涉及的利益广泛，谈判和监督费用都很高昂，因此正式制度本应在环境事务的处理上有很大的比较优势。然而为什么在环境制度的演变中呈现出了完全相反的趋势呢？笔者认为，宋元明清时期环境制度的演变根本性的原因是人口增长所造成的。在前面的章节笔者已经提到，在明清时期，由于社会环境相对稳定、高产作物的引进以及赋税政策的变化，这一时期人口出现了爆炸式的增长，不仅在清建国的近一百

---

① 诺思，戴维斯.财产权利与制度变迁［M］.上海：三联书店上海分店，2000：267.

年时间内人口猛增了近一亿，人均的耕地数量更有清初的人均27.63亩锐减至乾隆时的6.89亩。人口的膨胀不仅使得土地资源变得稀缺、进而价格上涨，也使得与农业紧密相关的水资源价格急剧攀升。与此同时，人口的压力也使其他自然资源的消耗大幅增加，致使自然资源的相对价格都产生了不同程度的上涨。因此人们不可避免地陷入对于资源的争夺中，不仅在民间对一些原本国有资源的使用权进行了更加细化的划分——例如出现了水权的私下交易，还加剧了"公地的悲剧"，在一个区域或组织内部，人们在环境问题上都表现出了强烈的机会主义倾向，尽可能逃避植树、修坝等义务，多占用公共资源，这样就造成了政策的失灵。但与政策失灵相对的是，在一个地区长期形成的约定俗成的乡约、民俗构成了对于该地区有效的思想控制，人们根深蒂固地接受这些文化，并遵从相应的规则，这为以乡里制度为主体的非正式制度进行环境保护和管理提供了便利。此外，由于大大减少了政策运营成本，且乡里制度受正式制度的约束，因此政府对于非正式制度取代正式制度进行环境治理采取了支持的态度，尽管诸如水权这样的交易从未在正式制度中得到批准，事实上却是被政府默许的。

尽管非正式制度在封建社会的环境事务管理中发挥了重要的作用，为正式制度的供给数量不足和效率低下提供了强力的补充。然而从根本上讲，考虑到自然资源和环境的特殊产权属性，缺乏暴力机构做后盾的非正式制度可以起到的约束力仍然是非常有限的。即便是在一定区域内，很多环境事务和相关纠纷也很难仅仅通过非正式制度解决。例如明清时期频发的水权争端，即便得到地方官员的裁夺，裁夺结果也很难被遵守，这样的情形正是由于水权交易是不受正式制度保护的"灰色地带"，地方官员进行的裁决并没有政策依据。制度经济学认为，"产权的本质是一种排他性的权利，在暴力方面具有比较优势的组织处于界定和行使产权的地位。"[①] 而如前面的小节提到的，环境问题归根结底是共有产权和国有产权决定的，这些非私有产权的特殊属性决定了排他变得更加困难，更需要强制力为后盾。因而尽管乡约、民俗、宗教等非正式制度对于环境问题的解决起到了巨大的作用，但更多是从思想观念领域对人们进行约束，由于缺乏科学的正式制度，从宋到清的环境事实上一直处在不断恶化的过程中。

---

① 卢现祥.新制度经济学［M］.北京：北京大学出版社，2007：348.

7.3 总结和启示

在前面的章节，笔者对宋元明清时期若干方面的环境政策进行了梳理，此外对于民间自发进行的环境控制和宗教中蕴含的生态环境思想进行了一些探索。这些环境政策、民间的乡约、民俗和宗教共同构成了宋元明清时期的环境制度。这一时期的环境制度变迁符合诱致性变迁理论的变迁路径。笔者从制度经济学角度出发，对于这一时期的环境制度进行了总结，并探索了其对于现代环境制度的启示。

7.3.1 产权的可分割性——一条解决环境问题的途径

通过前面的分析，可以看出在宋元明清时期的环境制度存在着很大的不足，具体体现在正式制度的供给不足和效率低下、民间环境控制的松散、不科学和缺乏可靠依据，此外民间的环境控制还存在非常明显的"搭便车"问题。那么如何修正环境制度的缺陷呢？笔者认为，环境问题从根本上讲是一个产权问题，对于空气、阳光这样的资源无法定义产权，而国有或共有的资源无法解决非排他性所带来的问题。在松散的产权结构下，机会主义倾向诱使个人忽视社会的成本，通过"搭便车"行为增加了个人的收益，个人和社会"成本－收益"曲线的不一致导致了个人行为的负外部性，环境问题就此产生了。因此环境问题的解决必须依赖于产权的优化。

登姆塞茨在《关于产权的理论》一文中提到："产权的一个主要功能是引导人们实现将外部性较大地内在化的激励。"[①] 合理的产权结构有助于降低交易成本，修正个人成本－收益曲线和社会成本－收益曲线之间的偏差，起到增加社会整体福利的作用。具体来说，利用产权的可分割性特征，可以为环境问题的解决提供一条可行的路径。由于产权是由所有权、使用权、收益权、让渡权等权利构成的权利束，通过对于使用、收益等权利的让渡，可以极大地降低管理、监督成本，实现社会福利的优化。事实上，宋元明清时期，已经在环境制度由正式制度为主向非正式制度为主的转变中做出了相关的尝试，并取得了一定成效。纵观中国封建社会的历史，绝大多数的自然资源尽管所有权属于国家，但实际的使用权一直归百姓所有。到了明清时期，由于自然

---

① 登姆塞茨．关于产权的理论［J］．美国经济评论，1967.

资源的相对价格发生了较大程度的上涨，所有权同使用权、收益权的分离趋势变得越来越明显，水权和地权的分离以及水权交易的出现就体现了这一点。就所有权而言，政府对于水资源有着绝对的所有权，农民则享有农业灌溉需要的使用权，并同土地所有权绑定，"水随地走"的规定使得即便在水资源的配置方面变得非常困难，即便两块土地的所有权属于同一主人，也不能将一块土地的水配额挪作另一块土地使用。可以看出，"水随地走"的规定说明土地所有者仅仅享受与土地所绑定的水资源的使用权，而并不享有收益权。随着水资源的日益紧缺，在民间出现了由地方精英作保、心照不宣的水权交易，政府对于这样的交易则采取了默许的态度，这事实上相当于默许了土地所有者对水资源所有的收益权。这种产权进一步的分化根本原因仍然是资源稀缺性的增强，享有水资源使用权的个人通过让渡权利，获得了出让水权的相应收益，从而使水资源得到了最高效率的资源配置。

更加具有代表性的案例是，明清时期出现了一批私有林场。从所有权属性上来说，这些林场的所有权仍然属于国家。然而林场由私人承包，享有使用权和收益权，皖南、福建等地该类林场盛行。林场的所有者还可以将林场的经营权外包，使得产权进一步细化和分离。承包者根据订立的合约所规定的树木种类、密度进行种植，所有权、经营权、收益权的分离使得树木的培育率和保护效率都得到了极大的提升。在明清森林资源退化、生态环境急剧恶化的整体环境下，私人林场的发展不仅为林场主带来了收益，而且对林业资源的培育和森林生态的保护做出了巨大的贡献。从以上的案例可以看出，产权的可分割性为环境问题的解决提供了一条可行的路径。由于绝大多数自然资源的特殊性，其所有权必须归国家或集体所有。然而通过将使用权、收益权同所有权的分离，可以起到优化资源配置、降低监督成本、将外部性内在化的作用。

7.3.2 正式制度与非正式制度的结合

根据林毅夫的定义，"正式的制度安排指的是这样一种制度安排：在这种制度安排中规则的变动或修改，需要得到其行为受这一制度安排管束的一群（个）人的准许。"在本文中专指由国家、地方制定的法律、法规、政令、诏令等。而非正式制度则完全相反，"在这种制度安排中规则的变动和修改纯粹由个人完成，它用不着也不可能由集体行动完成。"①非正式制度通常包括价值信念、风俗习惯、文化传统、道德伦理等内容，其中意识形态处于最核心的地位。任何科学、有效的制度都是正式制度同非正式制度的结合，两者相辅相成，环境制度也不例外。从一方面看，由于自然资源和环境的产权属性，很容易出现"搭便车"的问题，因此，环境问题的解决归根到底有赖于全面完善的正式制度，这是因为正式制度是由国家强制力作为保证的，而事实上，对于产权进行保护的需要是国家产生的重要原因。从另一个方面看，严重的负外部性和"搭便车"问题决定了单纯依赖正式制度很难控制资源浪费和环境污染的发生。而完全依赖正式制度对环境问题进行监管需要依赖极其庞大的官僚机构，管理成本极其高昂，因此，非正式制度对于正式的环境制度起到了非常重要的补充作用。

如前面所提到的，宋元明清时期已经形成了土地的私有制，在此基础上形成了自给自足的小农经济。小农经济的生产方式本身就具有很强的个人机会主义倾向，具体到环境问题上则表现为对共有或国有自然资源的无限度掠夺。与此同时，小农经济对于风险的抵抗能力非常薄弱，因而常常依附于宗族，世代在同一片土地上生活。这样的低人口流动性容易形成在一个地区内共同认可的道德准则和共同遵守的规范，这对于正式制度无法解决的"搭便车"问题是一种有效的补充。在政府控制下形成的乡里制容易使得地方精英作为封建政府的代理人，将政府所认可的伦理在地方进行传播，力求实现以意识形态为核心的非正式制度同正式制度的统一，从而起到弱化"搭便车"的作用。由于正式的制度安排同个人的道德规范相一致，则其违背正式制度的成本则更高昂。此外，速水佑次郎指出："在一个结构紧密的社区内，人们的个人主义较少并会严格地遵守社会规范。"②在人口流动性较小的区域内，以邻为壑的"搭便车"行为很容易被发现并受到惩罚，因此能够更好规避这一类行为的产生。

于是在宋元明清时期的环境管理中，形成了正式制度和非正式制度相结合的治理模式，正式制度随着环境问题的加剧趋于完善，乡约、民俗、宗教等则通过思想观念的控制对人们的行为进行约束。然而在明清时期，由正式

---

① 林毅夫.关于制度变迁的经济学理论：诱致性变迁与强制性变迁［J］.卡托杂志，1989（09）.

② Hayami, Yujiro, and Masao Kikuchi, Asian Village Economy at the Crossroads: An Economic Approach to Institutional Change［M］.Tokyo: University of Tokyo Press, 1981.

制度为主到非正式制度为主的诱致性变迁事实上形成了一种失衡的制度模式，对于非正式制度在环境治理上的倚重是一种"政策失灵"，正式制度已经无法满足需求，亟待进行制度创新。在正式制度和非正式制度之间存在着一条"通路"，一些非正式制度可以被政府认可成为正式制度，然而这条通路并未被打通，即便水权的交易在清朝已经非常普遍，民间也出现了一些交易的规则，却始终未能形成正式制度，确立一套普适的规则，事实上明清时期的正式环境制度是低效甚至无效的。于是在这样失衡的环境制度下，明清时期的环境难以遏制地恶化了。

7.3.3 环境制度变迁中的路径依赖

卢现祥指出，"制度的无效率是非历态的过程，制度的无效率是历史的常态（而非例外）。"[①]而根据阿瑟的定义，"非历态"是指"在一个动态的经济系统中，不同的历史事件及其发展次序无法以百分之百的概率实现同一种市场结果。"[②]这意味着最初形成的制度会对后续形成的制度变迁产生重大的影响，也就是所谓的"路径依赖，即在制度的变迁过程中，一种制度不论是否有效，一旦形成就会在一定时期存续并影响随后的制度选择。因此，即便一种制度在事实上已经变得无效，也常常因为各种原因得以存续。由于整个封建社会时期，环境保护都被严重漠视，因而环境政策的变迁的路径依赖显得尤其明显。

在前面的章节笔者已经一再提到，宋元明清时期的环境政策框架在两宋时期就已经基本形成，尽管在后续的发展中逐步完善并产生了一些制度创新，但却远远不能同由于人口增长所造成的日趋严重的环境问题相适应，因此被锁定在了一种无效率的状态下。细究环境制度变迁中路径依赖严重的原因，主要有两个方面：

一方面，技术革新是制度创新的来源。随着科学技术的进步，现有的生产方式得到革新，促使要素价格发生改变，这就为获得在旧制度条件下不可能获得的潜在利润提供了可能性，为新制度的产生创造了条件。拉坦就提到："由技术变迁所释放的新的收入流确实是对制度变迁需求的另一个主要原

---

① 卢现祥.新制度经济学［M］.北京：北京大学出版社，2007：476.
② 卢现祥.新制度经济学［M］.北京：北京大学出版社，2007：476.

因。"①从北宋初年到清朝末期，农耕技术并未出现根本性的革新，生产力水平维持在旧有的状态。因此，环境问题的产生从根源上来说是人口增长的结果，资源的消耗同人口增长成正比。与此同时，环境科学在传统中国近乎从未起步，对于自然灾害治理和环境保护的技术也发展缓慢，因而从根本上无法通过技术的进步实现制度的创新。此外，制度的创新需要依赖强大而稳定的政府，环境制度的创新更是如此。在封建社会，等级是社会关系的典型特征，封建政府的关注点大多集中于与统治阶级利益相关的事务，其他的所有事务都是"末节"。由于生产力水平低下，封建政府的税收有限，明清以来的"一条鞭法"和"滋生人丁，永不加赋"更加剧了政府财政收入的困窘。与此同时激增的人口使得政府的支出极大增加，统治者入不敷出，只能将有限的人力、财力、物力投入关系国计民生的经济、国防等方面，从根本上讲这一时期缺乏足够强大的政府涉足环境政策的创新。

另一方面，一种新制度是否能够取代原有的旧制度不仅仅取决于制度创新的收益，也决定于技术革新的成本。制度在一个社会中的形成要受政治、经济、文化以及相关的其他制度影响，制度一旦以稳定的形态存续下来，就具有很强的路径依赖。自唐代"古文运动"开始，以唐宋八大家为代表的学者、政治家提倡以古文代替骈文，推行古道，将儒学推向了一个新的高潮。韩愈特别强调儒家的仁义和道统，他明确提出了一个与佛家、道家迥然相异的"道"的概念，即"斯吾所谓道也，非向所谓老与佛之道也。"②儒者之道，即是"博爱之谓仁，行而宜之之谓义，由是而之焉之谓道，足乎己无待于外之谓德。仁与义为定名，道与德为虚位。"③"统"则为传承儒家道者的发展过程。自韩愈提出道统以来，中国的儒学发展再未跳出此框架。程朱理学在道统框架内，以儒学为宗，吸收了佛、道文化，形成了儒释道三教合一的文化体系，将天理、仁政、人伦、人欲形成一个内在的统一，这种对儒学的政治哲学化使得推崇"三纲五常"的程朱理学为统治者认可，稳定地成为官方统治思想。在这一时期，封建统治势力逐步加强，在思想文化领域一脉相承的背景下，想要打破旧的制度、实现制度变迁需要花费巨大的成本，因而制度存在强大的路径依赖，阻碍了创新的力量。

---

① V.W.拉坦.诱致性制度创新理论［A］.财产权利与制度变迁［C］.上海：三联书店上海分店，1991：335.
② 韩愈.韩愈文集校注·原道［M］.上海：上海古籍出版社，2014.
③ 韩愈.韩愈文集校注·原道［M］.上海：上海古籍出版社，2014.

7.3.4 环境制度变迁的现代启示

"以铜为鉴，可正衣冠；以古为鉴可知兴衰，以人为鉴，可以明得失；以史为鉴，可以知兴替。"透过对宋元明清时期若干方面环境政策的研究，笔者试图勾勒出这一时期环境保护制度的框架，在制度的变迁和发展的研究中获得对现代环境保护的启示。总结起来，有如下几个方面：

（1）在环境保护事务中，国家应当承担起最主要的责任。国家作为最大的环境制度供给者，有责任和义务制定政策、法律、法规健全和完善环境保护体系。这些政策、法律和法规构建了环境保护的正式制度部分，系统、完善且有约束力的正式制度是环境制度的核心。国家在环保事务方面的责任主要来自于在强力方面的优势和在资源配置上的能力。一方面，环境保护是一个系统性、全局性的工程，需要在全社会范围内展开各个行业、部门间的协作，不同地区之间也需要进行协调，只有国家才能从宏观出发实现全局的统筹规划。此外，由于自然资源的国有、共有属性，在环境保护事务中投入的大量资金离不开国家财政作为后盾，只有国家才有能力调动足够的人力、财力、物力进行环境保护。另一方面，国家是最大的执法机关，其所制定的政策、法律、法规不仅具有最强的权威性，并且以强制力为后盾，能够最有效地抑制个人的机会主义倾向，减少负外部性。

目前，生态文明建设已经被提升至最重要的战略高度，成为"五位一体"总体布局的重要环节，进入了中国历史上对于环境问题空前重视的历史时期，这同之前任何历史时期都有明显的差别：在漫长的封建社会时期，统治者不惜牺牲百姓利益和自然环境满足其对于政治租金的追求；而在中华人民共和国成立之后，中国共产党代表着最广大人民的根本利益，人民的诉求就是共产党执政的要求。因此，尽管在现代史上出现了人民公社及农业学大寨时期对环境的破坏问题，但从根本上来说是由经济和社会发展的阶段决定的——在尚未实现小康的社会主义初级阶段，以经济、社会发展为代价一味追求环境保护显然是不可取的。在我国进入决胜建成小康社会的关键时期，将生态文明建设提升至战略高度的目标转变是社会发展的必然结果。面对我国现存的环境相关的法律、法规不完善的现状，政府在环境保护工作上的重点仍然在于弥补政策供给的不足，要着力健全环保相关的法律法规，并为政策的执行提供良好的制度环境。

（2）产权的可分割性可以在一定程度上解决由自然资源的国有、共有产权所导致的资源浪费和环境破坏问题。我国的矿藏、土地、山川、海洋等绝大多数自然资源的所有权属于国家，这对于自然资源的可持续使用、国家经济和社会的长远发展和国防建设都具有重大意义。然而即便到了现代，由政府直接对国有资源进行管理和保护的成本仍然十分高昂，并难以克服由于"搭便车"导致的环境破坏问题。通过实现对自然资源产权的细化和分离，在保持国家所有权的基础上通过将使用权、收益权让渡给集体或个人，可以提高自然资源的使用效率，更大程度地优化资源配置。目前，我国实行的土地制度是改革开放以来确立的以家庭承包经营为基础、统分结合的双层经营体制，土地的使用权、收益权在承包期限内归农民所有，通过土地流转等方式可以实现对于这些权益的让渡，能够有效发挥生产的规模效应，这里的土地不仅仅是耕地，也是与生态环境密切相关的林地和其他土地资源。十九大规定，在第二轮土地承包到期后将土地承包关系再延长三十年，这进一步保障了农民对于承包土地所具有的权益，也有利于延续政策的一致性。与此同时，在承包关系存续期间，承包者自然担负起对资源的保护的责任，这将极大地降低了国家管理的成本，并在很大程度上降低了委托代理问题。因此，政府应当加强产权相关的立法，最大程度地盘活生产要素，激发产权的活力。

（3）利益相关的集体或个人是制度创新的直接推动者。是否能够产生制度创新的关键在于成本和收益的比较，当一部分人可以从制度创新中获得潜在的利润，他们就有动力推动制度的变迁。在明清时期出现的水权交易就是在农民的自发交易中形成的，水权交易极大提高了水资源的利用率，将资源配置到最需要的人手中，这样由部分人发起的制度创新很有可能成为正式制度改革的开端。在国家建立健全而完善的环境制度的基础上，如何尽可能调动人民积极性、使之投入到环保视野中，是亟待考虑的现实问题。应当充分调动发挥人民群众的聪明才智，鼓励他们在适当范围对环境制度进行创新实验，起到降低制度创新成本、增加正式制度供给选择的作用。

具体来说，就是要将生态文明建设同更多人的利益绑定起来，使得"美丽中国"目标惠及更多的百姓。这不仅仅体现在人民可以享有更加洁净的空气、更加清洁的环境，还体现在人民可以在发展生态文明建设中获得实实在在的经济效益。生态文明建设是一项环境工程，更是一项关乎产业结构升级和国家经济走向的经济大业，对于生态环境的重视有助于淘汰落后产能、"倒逼"产业结构改革、推动环保节能的高新产业的发展，这同供给侧结构性改革的目标是一致的。在广大的农村地区，要深入贯彻"绿水青山就是金山银山"的理念，鼓励农民因地制宜地利用区位优势进行农业产业升级，在农业生产中更加重视环境的影响，合理发展旅游业和第三产业，使得生态文明建设的成果为更多农民所共享。

（4）非正式制度是正式制度的有力补充，其中意识形态在非正式制度中占据着核心的地位。在环境保护事务中，我们必须充分发挥非正式制度的作用。对于非正式环境制度的重视，能够有效地抑制个人的机会主义倾向，正式制度运行的成本，促进环保事务的推动。

在生态文明建设被提升至国家战略高度的今天，将中国建设成为环境优美、人与自然和谐相处的"美丽中国"是中国梦的重要组成部分。从具体的执行层面，健全、完善的环境制度除需依赖完整的法制和政策之外，还离不开非正式制度的辅助。具体来说，非正式制度对于正式环境制度的补充体现在两个方面：从整个社会来看，要继续深入可持续发展观的贯彻和执行，通过教育、宣传等手段在全社会范围内树立起节约资源、保护环境的观念，通过在全社会树立人与自然和谐相处的环境观减少破坏环境、浪费资源的行为，减少环境政策运行的摩擦，提高政策运行效率。从非正式环境制度的治理重点来说，农村的污染防治和环境保护是我国现阶段环境治理的重中之重。十九大报告指出，要积极贯彻实施乡村振兴战略，"生态宜居"首次被纳入新农村建设的总要求，乡村振兴战略更是以"坚持人与自然和谐共生""坚持因地制宜"为总要求，对于农村生态环境的重视代表着社会主义现代化建设进入了崭新的阶段。在这样的背景下，研究宋元明清时期的民间环境控制对于打造环境优美、生态宜居的社会主义新农村有着重要的借鉴价值：由于人口众多且在地域上分布十分分散，宋元明清时期的环境治理对于地方治理的依赖度很高，在人口激增的明清时期尤其明显。乡约、族规等地方性法规的实施有效弥补了环境政策的供给不足和效率低下，这为如何利用非正式环境制度解决乡村环境问题提供了思路——必须完善农村基层治理模式，在坚持法制的基础上，充分发挥基层群众自治组织在环境保护中的作用；结合地方乡土民情，因地制宜进行乡村生态文明建设；此外，还要充分调动"新乡贤"在环境事务管理中的积极性，发挥其对于村情熟悉、威望高的优势，用"德治"减少"法治"和"自治"的摩擦，推动美丽农村的建设。

（5）制度的变迁过程存在很强的路径依赖，即便政策已经无法适应环境的现状，也很容易被锁定在无效率的状态。明清时期的水权交易就是一个明显的案例——通过水权和地权的分离以及对于水权买卖的肯定，可以有效提高水资源的利用效率，通过新的制度安排获得潜在利润，然而在民间已经非常成熟的水权买卖始终无法得到国家承认，始终只能作为约定俗成的非正式制度。因此，在健全和完善环境制度的过程中，要建立正式制度和非正式制度沟通的有效渠道，使非正式制度服务于正式制度，成为正式环境制度的补充；正式制度的运行和完善也离不开对行之有效的非正式制度的学习吸纳，这在一定程度上可以缓解路径依赖所造成的无效率。此外，一种新的制度能否被接受，不但取决于制度创新的收益，也取决于创新的成本。因此国家在进行环境制度的创新时，应当衡量多方面的利益，尽量减少新政策实施的阻力。

（6）技术变迁可以推动制度的创新。技术变迁可以推动要素价格的变化，也可以降低制度运行的成本。由宋元明清时期的环境制度可以看出，环境政策的供给不足、效率低下和政府在环境事务上的缺位，很大程度归因于统治者的有限理性——在环境科学缺乏的古代社会，统治者很难对生态环境对于经济和社会的长远发展的影响进行客观的评估。因此，健全和完善环境制度和深入贯彻生态文明建设是以环境科学的发展为基础的，必须大力推动基础科学和环境科学的发展，为科学、有效环境政策的制定提供基础。此外，管理技术进步同样是技术进步的一部分，在处理发展和环境的关系问题上，发达国家普遍经历过"先污染，后治理"的过程，也在饱尝环境破坏的恶果之后探索出一套相对完善的环境制度体系。在社会主义现代化建设中，中国应当铭记漠视环境的恶果，充分借鉴发达国家在环境治理中的成功管理经验，继续完善我国的环境制度，推动生态文明建设迈上新的台阶。

参考书目

经典文献

［1］卡尔·马克思.资本论［M］.上海：上海三联书店，2009.

［2］十八大报告文件起草组.中国共产党第十八次代表大会文件汇编［M］.北京：人民出版社，2012.

［3］十九大报告文件起草组.中国共产党第十九次代表大会文件汇编［M］.北京：人民出版社，2018.

史料类文献

［1］班固.汉书［M］.北京：中华书局，2012.

［2］陈克明.周敦颐集［M］.北京：中华书局，2009.

［3］陈旉.陈旉农书校注［M］.北京：农业出版社，1965.

［4］陈亮.龙川文集［M］.浙江杭州：浙江古籍出版社，2004.

［5］陈子龙.明经世文编卷63［M］.北京：中华书局，1997.

［6］戴望.管子校正［M］.北京：中华书局，1988.

［7］窦仪.宋刑统校正［M］.北京：北京大学出版社，2015.

［8］方勇（译注）.荀子［M］.北京：中华书局，2011.

［9］范仲淹.范文正公文集［M］.北京：国家图书馆出版社，2017.

［10］范仲淹.诚斋集［M］.长春：吉林出版社，2005.

［11］傅亚庶（撰）.孔丛子［M］.北京：中华书局，2011.

［12］高平华.韩非子［M］.北京：中华书局，2015.

［13］顾炎武.日知录［M］.上海：上海古籍出版社，2012.

［14］郭丹（译注）.左传［M］.北京：中华书局，2016.

［15］洪迈.夷坚志［M］.北京：中华书局，1987.

［16］李慧玲.礼记［M］.郑州：中州古籍出版社，2010.

［17］李焘.续资治通鉴长编［M］.北京：中华书局，2004.

［18］李诩.戒庵老人漫笔［M］.北京：中华书局，1982.

［19］林家骊（译注）.楚辞［M］.北京：中华书局，2015.

［20］刘颁.彭城集［M］.北京：中华书局，1985.

［21］刘敞. 公是集卷4·出城［[M].北京：中华书局，1985.

［22］刘昫. 旧唐书·魏征传［M].北京：中华书局，1975.

［23］刘一止. 影印文渊阁四库全书［M].北京：商务印书馆，1986.

［24］刘向. 说苑校正［M].北京：中华书局，1987.

［25］吕祖谦. 唐宋编·东莱吕太史文集卷一［M].北京：国家图书馆出版社，2006.

［26］罗振玉. 鸣沙石室佚书正续编·水部式［M].北京：国家图书馆出版社，2004.

［27］罗浚. 宋元方志丛刊［M].北京：中华书局，1990.

［28］马端临. 文献通考［M].北京：中华书局，2011.

［29］梅曾亮. 柏枧山房全集［M].上海：上海古籍出版社，2012.

［30］缪文远（校注). 战国策·魏策［M].北京：中华书局，2012.

［31］骈宇骞. 贞观政要［M].北京：中华书局，2016.

［32］钱德洪. 王阳明全集［M].北京：线装书局，2012.

［33］石磊（译注). 商君书［M].北京：中华书局，2011.

［34］司义祖. 宋大诏令集［M].北京：中华书局，1962.

［35］宋濂. 元史［M].北京：中华书局，2016.

［36］汤化（译注). 晏子春秋［M].北京：中华书局，2015.

［37］王安石. 临川先生文集［M].北京：中华书局，1959.

［38］王弼. 老子道德经注［M].北京：中华书局，2011.

［39］王明. 抱朴子内篇校译［M].北京：中华书局，2007

［40］王明. 太平经合校［M].北京：中华书局，2014.

［41］王明清. 玉照新制［M].北京：中华书局，1985.

［42］王文锦（译注). 大学中庸译注［M].北京：中华书局，2008.

［43］王之道. 《相山集》点校［M].北京：国家图书馆出版社，2006.

［44］汪圣铎（点校). 宋史［M].北京：中华书局，2016.

［45］王毓瑚. 王祯农书［M].农业出版社，1981.

［46］卫泾. 后乐集卷13［M].影印文渊阁四库全书，北京：商务印书馆，1986.

［47］徐松（辑). 宋会要辑稿·刑法3［M].北京：中华书局，2014.

［48］徐正英. 周礼［M].北京：中华书局，2014.

［49］杨伯峻. 孟子译注［M].北京：中华书局，1960.

［50］杨天才，张善文译. 周易［M].北京：中华书局，2011.

［51］杨万里. 诚斋集［M].长春：吉林出版社，2005.

［52］叶适. 水心先生文集［M].上海：上海书店，1989.

［53］叶遇春. 泾惠渠志［M].西安：三秦出版社，1991.

［54］余树恒. 清代边疆史料抄稿本汇编卷6［M].北京：国家图书馆出版社，1956.

［55］章锡琛. 张载集［M].北京：中华书局，1978.

［56］赵珙. 蒙鞑备录［M].

［57］赵尔巽. 清史稿［M].北京：中华书局，2015.

［58］诸雨辰（编）.梦溪笔谈［M］.北京：中华书局，2016.

［59］朱玉麒.新疆图志［M］.上海：上海古籍出版社，2017.

［60］董煟.救荒活命书［M］.

［61］高士蒝.泾渠志稿［M］.

［62］郭起元.介石堂集［M］.

［63］蒋之奇.蒋之翰、蒋之奇遗稿·萍乡［M］.

［64］刘屏山.清峪河名渠记事［M］.

［65］龙显昭.巴蜀佛教碑文集成［M］.

［66］毛玶.吾竹小稿［M］.

［67］容斋三笔［M］.

［68］沈括.长兴集［M］.

［69］魏源.圣武记［M］.

［70］吴筠.玄纲论［M］.

［71］严如熠.三省边防备览［M］.

［72］张淏.云谷杂记［M］.

［73］张履祥.补农书［M］.

［74］朱熹.晦庵先生朱文公文集［M］.

［75］淳安县志［M］.

［76］慈利县志［M］.

［77］大清会典事例［M］.

［78］大札撒［M］.

［79］道光广南府志［M］.

［80］东华录（乾隆朝）［M］.

［81］东三省政略［M］.

［82］德兴县志［M］.

［83］奉天通志［M］.

［84］赣州府志［M］.

［85］庾子山集注。

［86］光绪平利县志［M］.

［87］杭州府志［M］.

［88］海龙县志［M］.

［89］河南疏［M］.

［90］黑挞事略［M］.

［91］洪洞县水利志补［M］.

［92］洪堰制度［M］.

［93］徽州府志［M］.

［94］嘉兴县志［M］.

［95］嘉庆汉阴厅志［M］.

［96］金川琐记［M］.

［97］介休县志［M］.

［98］龙泉县志［M］.

［99］龙溪县志［M］.

［100］明会要［M］.

［101］明太祖实录［M］.

［102］明实录［M］.

［103］内江志要［M］.

［104］彭县志［M］.

［105］钦定大清会典事例［M］.

［106］钦定热河志卷［M］.

［107］清高宗实录［M］.

［108］清圣祖实录［M］.

［109］全晋文［M］.

［110］全辽志［M］.

［111］上饶县志［M］.

［112］三省山内风土杂识［M］.

［113］圣祖仁皇帝圣训［M］.

［114］惟扬志［M］.

［115］霞浦县志［M］.

［116］襄阳县志［M］.

［117］兴化府莆田县志［M］.

［118］续高僧传。

［119］乌程县志［M］.

［120］歙县志［M］.

［121］元文类［M］.

［122］永福县志［M］.

［123］舆地纪胜［M］.

［124］皋兰载笔［M］.

著作类文献

［1］巴泽尔.产权的经济分析［M］.上海：上海三联书店，2008.

［2］布罗姆利.经济利益与经济制度——公共政策的理论基础［M］.上海：格致出版社，
2012.

［3］陈登林.中国自然保护史纲［M］.哈尔滨：东北林业大学出版社，1991.

［4］陈登林.宋元时期林业史［M］.哈尔滨：东北林业大学出版社，2011.

［5］陈红兵.佛教生态哲学研究［M］.北京：宗教文化出版社，2011.

［6］陈曦.宋代长江中游的环境与社会研究——以水利、民间信仰、族群为中心［M］.北京：科学出版社，2015.

［7］.陈霞.道教生态思想研究［M］.成都：四川出版集团巴蜀书社，2010.

［8］陈嵘.历代森林史料及民国林政史料［M］.南京：金陵大学农学院森林系林业推广部

［9］戴维·伊斯顿.政治生活的系统分析［M］.北京：人民出版社，2012.

［10］道格拉斯·诺斯，经济史中的结构与变迁［M］.上海：上海人民出版社，1994.

［11］刁田丁、兰秉洁、冯静.政策学［M］.北京：中国政策出版社，2000.

［12］傅衣凌.明清社会经济史论文集［M］.北京：人民出版社，1992.

［13］韩茂莉.中国历史农业地理［M］.北京：北京大学出版社，2012.

［14］韩昭庆.荒漠水系三角洲：中国环境史的区域研究［M］.上海：上海科学技术文献出版社，2010.

［15］樊宝敏.中国森林生态史引论［M］.北京：科学出版社，2007.

［16］樊宝敏.中国林业思想与政策史［M］.北京：科学出版社.

［17］黄河志编纂委员会.黄河志［M］.郑州：河南人民出版社，1994.

［18］科斯.财产权利与制度变迁［M］.上海：三联书店上海分店，1994.

［19］蓝吉富.大正藏［M］.北京：北京图书馆出版社，2004.

［20］莱斯特布朗.建设一个持续发展的社会［M］.科学技术文献出版社，1984.

［21］李莉.中国林业史［M］.北京：中国林业出版社，2017.

［22］卢现祥.新制度经济学［M］.北京：北京大学出版社，2007.

［23］罗桂环.中国环境保护史稿［M］.北京：中国环境科学出版社，1995.

［24］罗桂环.中国历史时期的人口变迁与环境保护［M］.北京：冶金工业出版社，1994.

［25］诺斯.制度变迁与美国经济增长［M］.上海：上海人民出版社，2001.

［26］马忠良，宋朝枢.中国森林的变迁［M］.北京：中国林业出版社，1996.

［27］孟森.明史讲义［M］.北京：中华书局，2009.

［28］南炳文.明史［M］.上海：上海人民出版社，2014.

［29］宁可.中国古代史教学参考论文选［M］.北京：北京大学出版社，1979.

［30］彭雨新.清代土地开垦史［M］.北京：农业出版社，1990.

［31］漆侠.宋代经济史［M］.上海：上海人民出版社，1987.

［32］钱穆.中国文化史导论［M］.北京：商务印书馆，1994.

［33］钱钟书.宋诗纪事补正卷29［M］.沈阳：辽宁人民出版社，2003.

［34］石峻.中国佛教思想资料选编［M］.北京：中华书局，1983.

［35］史志宏.清代农业的发展和不发展（1661-1911年）［M］.北京：社会科学文献出版社，2014

［36］舒尔茨.扭曲的农业激励［M］.印第安纳大学出版社，2010.

［37］孙光.现代政治科学［M］.杭州：浙江教育出版社，1998.

［38］王利华.徘徊在人与自然之间：中国生态环境史探索［M］.天津：天津古籍出版社，
2012.

［39］吴存浩.中国农业史［M］.北京：警官教育出版社，1995.

［40］吴慧.中国历代粮食亩产研究［M］.北京：中国农业出版社，1985.

［41］辛德勇，郎洁.长安志［M］.西安：三秦出版社，2013.

［42］许地山.道家思想与道教［M］.上海：上海书店，1991.

［43］伊懋可.大象的退却：一部中国环境史［M］.江苏：江苏人民出版社，2014.

［44］尹伟伦，严耕.中国林业与生态史研究［M］.北京：中国经济出版社，2012.

［45］余树恒.清代边疆史料抄稿本汇编卷6［M］.北京：国家图书馆出版社，1956.

［46］袁清林.中国环境保护史话［M］.北京：中国环境科学出版社，1990.

［47］张俊峰.水利社会的类型［M］.北京：北京大学出版社，2012.

［48］赵冈.中国历史上生态环境之变迁［M］.北京：中国环境科学出版社，1996.

［49］赵世瑜.狂欢与日常——明清以来的庙会与民间社会［M］.北京：生活·读书·新知
三联书店，2002.

［50］钟金雁.宋代东南乡村经济的变迁与乡村治理研究［M］.云南昆明：云南大学出版社，
2017.

［51］Demsetz H. Toward a theory of property rights［M］.//Classic papers in natural resource
economics. Palgrave Macmillan，London，1974.

［52］Zhang L. The River，the Plain，and the State：An Environmental Drama in Northern Song
China，1048 - 1128［M］.Cambridge University Press，2016.

期刊及学位论文

［1］艾娣亚·买买提.文化与自然：维吾尔传统生态伦理研究［D］.乌鲁木齐：新疆大学，
2003.

［2］包茂宏.中国环境史研究：伊懋可访谈［J］.中国历史地理论丛，2004（01）.

［3］曹剑波.道教生态思想探微［J］.中国道教，2005（06）.

［4］陈浦如.南平发现保护森林的碑刻［J］.农业考古，1984（02）.

［5］陈伟涛.中国民间信仰与宗教关系辨析［J］.山西师大学报（社会科学版），2012（09）.

［6］崔小莉.基督教与佛教的生态思想对生态危机的回应［J］.前沿，2015（05）.

［7］登姆塞茨.关于产权的理论［J］.美国经济评论，1967.

［8］董晓涛.佛教生态思想研究述评［D］.呼和浩特：内蒙古大学，2009.

［9］高升荣.水环境与农业水资源利用［D］.西安：陕西师范大学，2006.

［10］龚晓康."无情有性"与"众生平等"——佛教与当代生态伦理学的比较研究［J］.自
然辩证法研究，2003（08）.

［11］樊宝敏.中国历代森林覆盖率的探讨［J］.北京林业大学学报，2001（07）.

［12］何保林.论佛教众生平等思想与佛教生态伦理思想之关系［J］.河北经贸大学学报，2009（01）.

［13］何保林.论佛教思想对西方生态伦理思想的补充与深化［J］.湖北社会科学，2010（10）.

［14］黄正林.黄河上游区域农村经济研究（1644-1949）［D］.保定：河北大学，2006.

［15］江戎疆.河西水系与水利建设［J］.力行月刊第八卷.

［16］林毅夫.关于制度变迁的经济学理论：诱致性变迁与强制性变迁［J］.卡托杂志，1989（09）.

［17］刘春香.魏晋南北朝时期环境问题与环境保护［J］.许昌师专学报，2002（01）.

［18］罗运胜.明清时期沅水流域经济开发与社会变迁［D］.武汉：武汉大学，2010.

［19］梅雪琴.中国环境史研究的过去、现在和未来［J］.史学月刊，2009（06）.

［20］宁天琪.论古代蒙古习惯法对草原生态的保护［D］.重庆：西南政法大学，2008.

［21］潘春辉.清代河西走廊水案中的官绅关系［J］.历史教学，2017（10）.

［22］秦泗阳.制度变迁理论的案例分析——中国古代黄河流域水权制度变迁［D］.西安：陕西师范大学，2001.

［23］秦永红.道教自然主义哲学及生态伦理思想［J］.楚雄师范学院学报，2001（04）.

［24］苏远渠.清代山东运河水灾与两岸农村社会经济［D］.曲阜：曲阜师范大学，2005.

［25］田海平."水"的道德形态学论纲［J］.江海学刊，2012（04）.

［26］王及.中国佛教最早放生池与放生池碑记——台州崇梵寺智者大师放生池考［J］.东南文化，2004（01）.

［27］王清灵.生态民俗学视角下的布罗陀文化探究［D］.南宁：广西大学，2011.

［28］王珊.基督教教义中的生态思想评析［D］.大连：大连理工大学，2009.

［29］王尚义，张慧芝.明清时期汾河流域生态环境演变与民间控制［J］.民俗研究，2006（09）.

［30］王晓伟.道教哲学中的生态伦理思想［J］.华中师范大学研究生学报，2012（03）.

［31］王战扬.宋代河道管理研究［D］.开封：河南大学，2016.

［32］向达之.论近代西北动植物资源开发的若干主要方向［J］.甘肃社会科学，1002（06）.

［33］徐杨帆.明清以降滹沱河水利开发与水利纠纷——以山西省定襄县广济渠水案为例［J］.经济研究导刊，2008（18）.

［34］许惠民.北宋时期煤炭的开发利用［J］.中国史研究，1987（02）.

［35］殷明.道教戒律中的生态伦理思想探析［J］.宗教学研究，2008（06）.

［36］喻海.生态民俗之黔东南少数民族人居环境研究［D］.陕西西安：陕西师范大学，2010.

［37］余孝恒.道教生态人文思想与川西山区保护开发［J］.中国道教，2005（04）.

［38］袁清林.先秦环境保护的若干问题［J］.中国科技史料，1985（03）.

［39］赵玉，陈炎.基督教与儒家生态思想的似与同［J］.孔子研究，2010（01）.

［40］曾宪平.家庭、宗族与乡里制度：中国传统社会的乡村治理［J］.重庆交通大学学报（社科版），2010（04）.

［41］张怀承，任俊华.论中国佛教的生态伦理思想［J］.吉首大学学报（社会科学版）2003（09）.

［42］张建民.明清农业垦殖论略［J］.中国农史，1990（04）.

［43］郑辉.中国古代林业政策和管理研究［D］.北京：北京林业大学，2013.

［44］Binswanger H P，Ruttan V W，Ben-Zion U，et al. Induced innovation；technology，institutions，and development［J］.1978.

［45］Elliott R J R，Strobl E，Sun P. The local impact of typhoons on economic activity in China：A view from outer space［J］. Journal of Urban Economics，2015，88：50-66.

［46］Gignoux J，Men é ndez M. Benefit in the wake of disaster：Long-run effects of earthquakes on welfare in rural Indonesia［J］. Journal of Development Economics，2016，118：26-44.

［47］Hayami，Yujiro，and Masao Kikuchi，Asian Village Economy at the Crossroads：An Economic Approach to Institutional Change，Tokyo：University of Tokyo Press，1981.

［48］List J A，Millimet D L，Fredriksson P G，et al. Effects of environmental regulations on manufacturing plant births：evidence from a propensity score matching estimator［J］. Review of Economics and Statistics，2003，85（4）：944-952.

［49］Richard Hornbeck. "The Enduring Impact of the American Dust Bowl：Short- and Long-run Adjustments to Environmental Catastrophe"［J］. American Economic Review 102（4）：1477-1507.

［50］Richard Hornbeck，and Pinar Keskin.. "The Historically Evolving Impact of the Ogallala Aquifer：Agricultural Adaptation to Groundwater and Drought"［J］. American Economic Journal：Applied Economics 6（1）：190-219.

［51］Richard Hornbeck，2014. "Nature versus Nurture：The Environment's Persistent Influence through the Modernization of American Agriculture"［J］. American Economic Review，Papers and Proceedings 102（3）：245-249.

后　记

到此本书已将完结，当一切都要尘埃将定之时，我的心情异常平静，笔下却倚马千言。我怀着最诚挚的衷心感谢所有的老师、亲人和朋友，是你们的关心、支持和宽容让我得以顺利完成了博士学业，在早该承担社会、家庭责任的年龄，奢侈地拥有了这段浮云流转的象牙塔时光。没有四年的博士研究，就没有这本书的最终成型。

在研究的过程中，我时常会问自己一个问题，为什么当初要选择科研这一条寂寞而崎岖的道路？我不知道有多少人面对这个问题有明确的答案，或许出于对知识的渴求，或许出于改造世界的理想，抑或只是出于获得一份体面的工作这样功利的目的。回想起来，在做出攻读博士这个决定的时候，我是内心"有光"的，出于多年对历史的喜好，我选择了攻读经济思想史专业，从此开始了一场漫长和寂寞的修行。非常幸运的是，日复一日的读书、讲座、写作让我觉得既充实又富有挑战，做研究这件事情似乎并没有之前设想的那般枯燥乏味。然而，当我愈加频繁地将经济思想史专业同其他热门、实用的经济类专业相比较时，又或者当我对老一辈经济思想史学者的研究高山仰止、承认自己可能终生无法达到他们的高度时，对于做中国经济思想史研究的目的这件事情我突然没了答案。或许这样的困惑是所有社科类的博士生所共同面对的：如果将整个社会比作一驾马车，社会科学的研究解决的是马车该往何处去的方向问题。对这个问题的思考令我非常沮丧，马车的运行离不开拉车的芸芸众生——尽管每个人的力量都如此微薄，然而决定马车的运行方向只需要极少数杰出的人就够了。这或许意味着，对于大多数在校的博士生而言，我们所做的研究意义甚微，甚至一部分人在毕业后就选择了非教学和科研的岗位，那么对于如我一般平凡如星子的绝大多数年轻博士而言，进行中国经济思想史的社会科学研究的目的究竟是什么呢？

此时此刻，当我在键盘上飞快地敲击，写下本书的最后一部分，对于这个问题的答案已经了然于胸。"大学之道，在明明德。"大学之"大"，在于眼界和包容，近六年的研究经历，让我有机会走出偏居的一隅，登高望远看一看广阔的天地，给我时间去阅读、思考和感受人生。在此期间，我重拾了读书的习惯，广泛阅读了经济学、历史、社会学、哲学的经典读物。起初阅读这些书籍对我而言着实是苦差事，却因为研究需要只能硬着头皮读下去。然而慢慢地，当重新翻看那些曾经让我苦不堪言的书籍，却逐渐开始自得于读书的体验，那些曾经枯燥的字句似乎突然有了趣味，晦涩的言语也似乎突然变得没有那么难懂。当我为其中的某一句话会心一笑，会不自觉在书的空白处批注，会在阅读中浮想联翩，我突然意识到，直到这一刻我才开始读懂这些书，不仅仅因为阅读的积累，更是因为人生经历的充实和思辨能力的提高。在研究的过程中，我的视野变得更加开阔，心态变得更加包容，开始理解万事万物都有差异，以及人与人之间的和而不同。这段经历让我真正学会了思考。如今，我给出了自己关于这个问题的最终答案——读书是为了使人明理。即便不优秀，我希望自己成为一个善于思考的人，一个明理、平和而幸福的人。

　　这本书的研究或许只是我学术生涯的开始，前方仍是漫漫征途。感谢所有给予我启迪、指导和帮助的老师，以及给予我鼓励和关怀的亲人朋友，此书能够最终成型离不开你们的支持，尤其要感谢我的恩师周建波教授，他让我看到了作为学者的孜孜以求和做人的广阔胸怀，让我看到了今后努力的方向，或许虽不能至，仍心向往之。再次感谢所有人，以及为本书出版提供大力帮助的首都经济贸易大学经济学院。

禹恩恬

2020 年 10 月